U0636980

单身力

Be a better you

小野 著

天津出版传媒集团

天津人民出版社

图书在版编目（CIP）数据

单身力 / 小野著. -- 天津：天津人民出版社，
2021.3
　　ISBN 978-7-201-16977-4

　　Ⅰ.①单… Ⅱ.①小… Ⅲ.①女性－成功心理－通俗
读物 Ⅳ.①B848.4-49

中国版本图书馆CIP数据核字(2020)第256212号

单身力
DANSHEN LI

小野　著

出　　版	天津人民出版社
出 版 人	刘　庆
地　　址	天津市和平区西康路35号康岳大厦
邮政编码	300051
邮购电话	（022）23332469
电子信箱	reader@tjrmcbs.com

责任编辑	玮丽斯
监　　制	黄 利 万 夏
特约编辑	路思维 常 坤 张 秀
营销支持	曹莉丽
装帧设计	紫图装帧

制版印刷	艺堂印刷（天津）有限公司
经　　销	新华书店
开　　本	880毫米×1230毫米　1/32
印　　张	6.75
字　　数	90千字
版次印次	2021年3月第1版　2021年3月第1次印刷
定　　价	49.90元

版权所有　侵权必究
图书如出现印装质量问题，请致电联系调换（022-23332469）

世界很大，人生还长，
我们应该爱生活、爱一切与美好有关的事物。
最重要的是，在这之前，请先学会爱上自己。

CONTENTS · 目录

01

必须自己拿好生活的桨

时刻保有应对生活重新洗牌的能力   _002

总能知道自己想要什么   _010

学会从自身获取幸福感和安全感   _016

每个人只能陪你走一段路，迟早是要分开的   _022

不被舆论左右，坚定不移地做自己   _028

02

单身不是幸福的障碍，
学会好好爱自己

我们凭实力单的身，活好自己比什么都重要　　_038

当你又忙又美，何须患得患失　　_046

精神上不依附，物质上不攀附　　_054

有空多挣钱，没事早睡觉　　_060

用内在武装自己，用外在点缀自己　　_066

"没男朋友，但是我一点都不慌"　　_074

真正的强者，往往具有大格局　　_080

03

拥有单身力，既赢得婚姻，又保全自己

哪怕他能陪伴你一生，你也要保持独处的能力 _092

好的夫妻，都是"各过各的" _100

独立思考的能力 _108

保持健美的体格 _118

规律的生活，让时间游刃有余 _126

不双标，尊重对方的自由 _134

最强大的力量，是在婚姻中进退自如 _142

CONTENTS

目录

04

一个人，
要活得像支队伍

你的人格完整度，决定你的人生走向　　　　_150

人生最曼妙的风景，是内心的淡定与从容　　_158

看清欲望的本质，做好人生断舍离　　　　　_166

教养往往体现在细节上　　　　　　　　　　_174

强大的人，会给自己赋能　　　　　　　　　_182

做好该做的事，放手追求喜欢的事　　　　　_190

没有太晚的开始，越努力，越幸运　　　　　_198

01

必须自己
拿好生活的桨

人生如海，
看似风平浪静，
实则暗流涌动，
每一个人都是航行其上的探险家。

时 刻 保 有 应 对

生 活 重 新 洗 牌 的 能 力

2020 年 5 月 26 日，何超琼身着简单的黑色 T 恤和黑色裤子，在闪光灯此起彼伏的媒体镜头前站定，她眼神坚定、语气平稳地向外界宣布父亲（赌王何鸿燊）离世的消息。短短几句，字字有力，散发着不容置疑的气场。在外界看来，这位赌王的大女儿俨然已是赌王家族的下一代掌门人。

赌王离世，各位吃瓜群众兴致勃勃地等着观看现实版豪门争夺遗产大剧，看豪门家族如何你争我抢，重新洗牌，而何超琼已经顺理成章地稳居家族“C 位”，妥妥的“大女主”人设，众望所归，毋庸置疑。多家媒体从各角度对何超琼做了解读，诸如身为“大家姐”的命运、时尚穿搭、感情八卦、成长史等，让一众网友过足了瘾。

我们似乎从未想过，抛开这些光环，作为普通人的我们，究竟能从何超琼身上学到什么。你会发现，她身上有一股向上生长的力量，那股力量让她在一次次挑战中修炼自己，让自己时刻保有应对生活重新洗牌的能力。她的能力和勇气使她清楚地知道自己值得过什么样的生活。

也许很多人会带着讽刺质疑：普通人跟赌王的女儿根本没法做比较，普通人操心自己的生计都成问题，不走歪路就不错了，哪有那么多资本和时间去修炼和提升自己？

的确，富家公主有她的先天优势，普通人有普通人的一地鸡毛，这是我们无法改变或选择的现实。但是面对人生的际遇，每个人的生活都有被重新洗牌的可能，而且这种可能具有双面性。生活重新洗牌的结局，有可能是富豪一夜之间变得一无所有，普通人一飞冲天；也有可能是富豪过得更加风生水起，而普通人则更深地陷入生活的泥沼中不能自拔。别管别人的人生如何，你应该首先问问自己，不管生活变得更糟糕还是更美好，你都有能力时时刻刻把握好自己重新洗牌的人生吗？

相信你我的身边，总有那么几个明明拿着一副好牌却打得稀巴烂的人。2020 年年初，我闭关在家，趁此机会打开了许久未登录的 QQ 邮箱，在一堆邮件中看到了一条催收邮件，大致内容是我的高中同学 D 从一个借贷平台上借了钱，到期未还款，所以借贷平台就给他的 QQ 好友发了这封邮件。

其实 D 研究生毕业后就进了北京的一家国企，很有发展前途，而且据说他的家庭条件也不错，我们一直觉得他的未来前程似锦。按理说，在他身上不应该发生这种状况。

我向熟悉的同学打听他的情况后得知，原来 D 刚参加工作不久就沉迷于网络赌博。所谓的网络赌博，众所周知，只是披上了网络的外衣，其本质还是赌博。一开始可能会让你尝到一点甜头，体验一下赚快钱的感觉，再深入下去就会让你输得片甲不存，然后向你推荐借贷平台，高额的利息让你的债务由四位数变五位数、五位数变六位数，最后你的债款就像滚雪球一样越滚越大。单位知道他的事情后，委婉地让他离职了。没了工作，他便以买房、买车为由向周围同学、朋友借了很多钱。大家得知真相后，都很失望，有的甚至跟他绝了交。他的父母得知这件事后更失望，母亲甚至气得晕倒，进了手术室。为了给他还债，父母拿出了养老钱，卖了一套房，又从亲朋好友那里借了钱。

然而 D 还执迷不悟，仍然相信自己能把所有的钱赢回来。于是，原本已经还了一多半的债务又滚雪球似的迅速变得更多。同他要好的朋友说，D 还在打电话向他借钱去"投资"，当然，没有人再愿意借给他钱了。如今 D 下落不明，同学们都已经跟他断了联系，没有人知道他现在的境况如何。

生活总是自己的，想要往哪边走，全凭自己。只是总有人把本该美好喜乐的生活亲手葬送，也许这就是命运。

上天既然给了自己一副好牌，就应该保持头脑的清醒与理智，知道自己要过什么样的生活，养成健康自律的生活习惯，慢慢地积蓄更大的力量，给自己的生活创造更多美好，这才对得起手中的那副好牌。即使一不小心出错了牌，生活被重洗，变得一无所有，你也应该拥有重新开始的勇气和决心，振作起来，哪怕用最笨、最慢的办法，只要坚持下去，一定会有守得云开见日出的那一天。

人生穷达自有命，无论贫穷还是富有，重要的是时刻保有应对生活重新洗牌的能力。在我的印象中，《红楼梦》里的贾母便是一个拥有如此强大又美好力量的可人儿。贾母生来便是官宦人家的小姐，从小生活优渥，饱受诗书礼仪熏陶，深谙人情世故与政治诡谲，又丝毫不迂腐油腻，懂得享受生活，不被身外之物摆布，活得既有趣味又有品位，活脱脱一个萌萌的仙女奶奶。

大富大贵之时，贾母对孙子、孙女极尽呵护，不吝财富；家族破败之时，她也懂得接受无常的痛苦。贾府被抄家时，过惯了锦衣玉食的众人纷纷惊慌失措，唯有贾母不乱阵脚，堪为中流砥柱，正面迎击家族的颓败，还拿出自己的积蓄接济各方，用无畏的担当和气魄鼓励晚辈们振作起来。在富贵温柔乡生活了大半辈子的女人，在面对富贵和运气被重新洗牌归零的时候，还能保持乐观豁达、坚强不屈的姿态，从容而有底气，这不能不让人敬佩。

"眼见他起高楼，眼见他宴宾客，眼见他楼塌了。"生活本就无常，时刻有能力接受生活的无常，便是最好的修行。在风平浪静的日子里，在物质上、能力上、精神上提升自己的能力和水平，这样日后不管遇到什么大风大浪，都能从容地面对，因为有能力就有底气。就算原本的生活一切归零也没什么可怕的，大不了重新开始。

钱没了，不用怕，因为你有赚钱的能力，财富慢慢积累就好；工作没了，别气馁，因为你有赢得一份新工作的资历，就算踏入陌生的领域，你也有坚韧不拔的品格和快速学习的能力；爱情没了，别伤心，因为你依然拥有爱与被爱的能力；最喜爱的东西丢了，别着急，因为你早已练就了"不以物喜，不以己悲"的情绪控制力……让自己时刻保有应对生活重新洗牌的能力，是我们一生中最应该修炼的必修课。

　　希望每一个人，不管你在做什么，都能永远保有应对生活重新洗牌的底气，永远不缺少从头再来的勇气。人生一世，这就是我们修来的好福气。

生活总是自己的，想要往哪边走，全凭自己。

总 能 知 道

自 己 想 要 什 么

　　一个人有没有活出真实的自己，在于他是否知道当下自己想要什么。知道自己想要什么的人，从来不拖泥带水，活得通透爽快，而且通常会早于大多数人过上自己想要的生活。相比之下，这里我们说的大多数人，即使到了三四十岁，还不知道自己想要什么，每天忙着埋头工作、拼命赚钱，然后再迅速地花掉，生活看起来充实而忙碌，却无法填满内心的空虚。

　　如果你还在为不清楚自己想要什么而苦恼，不妨在静下心来的时候，问自己三个问题：我是谁？做什么最能使我快乐？我想成为怎样的人？这三个问题应该是每个人开始人生旅途时就需要明确的基础性问题，也是我们做好自我管理、不断精进和成长的前提。

　　首先，面对"我是谁"这一哲学命题中的根本母题，你也许会有点不知所措，或许你从来没想过这个问题。其实，无须迷惘，这里不是要你探讨哲学问题，而是想让你真正了解自己。只有真正了解自己，我们才能知道自己在哪里，进一步知道自己要往哪里去。相信我们每个人多多少少都做过一些心理测试或性格测试，这说明我们都有了解自己的欲望。只是，这种测试属半娱乐性质，无法帮助我们真正认识自己。

克里希那穆提在他的书《一生的学习》中说："无知的人并不是没有学问的人，而是不明了自己的人。了解是由自我认识而来，而自我认识，乃是一个人明白他自己的整个心理过程。"回答"我是谁"这一问题，是人人必须经历的心理过程。如果无法确定你是否真正了解自己，可以去寻求专业心理咨询师的帮助。

其次，在了解自己之后，我们可以进行下一步——了解自己真心喜欢做的事情，或者说，做什么最能使自己快乐。这个问题相对简单，因为每个人在人生的某个阶段，都会遇到自己真心喜欢的事情。

可惜现实是，有人盘桓了一大圈，最终还是没有找到自己喜欢做的事情。其实，我们不是找不到，而是在做喜欢的事情的过程中，稍微碰到一点苦难，就轻易地否定或者直接放弃了，把曾经的喜欢变成了现在的不感兴趣。蔡康永曾发微博说："15岁觉得游泳难，放弃游泳，到18岁遇到一个你喜欢的人约你去游泳，你只好说'我不会'。18岁觉得英文难，放弃英文，28岁出现一个很棒但要会英文的工作，你只好说'我不会'。人生前期越嫌麻烦，越懒得学，后面就越可能错过让你动心的人和事，错过新风景。"

　　还有人总是以当下的功利性来选择自己喜欢做的事情，即使从某一件事情中获得了前所未有的快乐，如果那件事情是人们普遍认为无用的，也会轻易放弃，到头来发现，自己竟然没有喜欢做的事情。要相信，你选择坚持做下去的事情，都不会徒劳无功。

　　我的朋友陈女士是一个很喜欢折腾的人，喜欢摄影，还是个技术流、器材控。从很早开始他就经常琢磨一些拍摄技巧，研究怎么把自己和朋友拍得更美，研究怎么做后期才更有意思，而且还不惜花重金买一些心仪的摄影器材。当时，很多朋友都嘲笑她不把钱花在打扮自己上，却买了一堆没用的东西。近几年vlog（视频博客）流行，她把自己拍过的一些有创意的小视频放到了网上，并且大方分享自己的拍摄经验与技巧，收获了一大批粉丝。由此，她便进一步精心总结了自己的拍摄心得，编排了一系列有意思的摄影课，没想到深受学员们的喜爱。原本摄影只是陈女士的爱好，顶多算个副业，如今她已经成了一名专业的摄影师。

　　找到自己喜欢做的事情不难，难的是日后的坚持以及始终遵从内心的声音。当你找到了能从中收获幸福的事情，请牢牢地抓住它，不要理会外界的声音，用对的方法坚持下去，你就会发现，在别人眼里，再不靠谱的喜欢也是有用的。就算未来它没有发展成你的谋生手段，那也是能让你内心丰盈起来的灵丹妙药，是你灵魂得以安放和休憩的港湾，让你终身受益。

最后，你应该选择并确定自己想要成为一个怎样的人。明确了这个问题，等同于明确了日后努力的方向。方向确定好了，剩下的就只是将其付诸行动了。所以，总知道自己想要什么的人，往往都善于打破旧规则，敢于做出改变，拥有很强的执行力。

如果你清楚自己想要什么，清楚自己想要成为怎样的人，但是不想做出改变，只是一边心安理得地将就着过当下的生活，一边活在理想自我的幻想里，看到别人功成名就，立刻酸成一颗柠檬精，那么，请放下执念，回到第一个问题审视一下自己，是否真的知道自己想要什么，也许你想要的并非那个理想中的自己。全盘接受自己，看清自己的优点和缺点，给自己一个重新定位的机会吧，你会更轻松、更专注、更成功。人生就像旅途，找到那个让你感到快乐又有意义的目标，一心一意地去克服困难，进一步实现它、完善它，你就能拥有这个世界上最坚实的精神家园。

不管你想要什么、喜欢什么，在这之前，请先喜欢上实实在在的生活。先认真对待生活，好好赚钱，好好吃饭，好好睡觉，好好运动，好好爱自己，好好守护身边的人……生活永远不会辜负那些认真对待它的人。

不要着急，慢慢地体会，慢慢地走，每天进步一点点。日后，你总会知道自己真正想要的答案，过上自己想要的生活，变成自己想要成为的样子。

学 会 从 自 身 获 取

幸 福 感 和 安 全 感

　　2004 年，尚在读高中的我，跟着妈妈一起看完了一部单身女性追求爱与幸福的电视剧《好想好想谈恋爱》。后来我才知道这部剧是美版《欲望都市》的本土化作品，添了点文艺气息，本土化得很成功，但是结尾却令人大失所望。

　　电视剧的结尾借最崇尚自由、不受现实羁绊的毛纳之口说了这么一句话："一个女人再无法无天，她的法是男人，天也是男人，这是和宇宙一样无法更改的，你得安于这种至上的安排。女人是男人应运而生的。"这句话的潜台词是，女人只有与男人结婚才能幸福，才能找到自己的安全感和幸福感。在今天，这句话可能会引起大部分女性的不适，不论是单身的还是已婚的。

　　不只是女性，所有人都应该明白这一点，我们不可能从另一个人身上获取安全感和幸福感。安全感只能是我们自己给自己的，它来自我们对自己的信心，来自每个阶段性目标的实现，来自我们对自己命运的掌控。而幸福感是以安全感为基石，自内心生出的满足和喜悦。

很多正在恋爱或已婚的女人晒幸福的时候，总爱说对方让她很有安全感和幸福感。这种所谓的"安全感"和"幸福感"，大概缘于对方的回应满足了你的期待。但是，你要明白，一个人再爱你，也会有回应不及时或者满足不了你的期待的时候。而且你的期待不会一成不变，这次得到了满足，下一次你会期待得更多。如果你不会从自身获取安全感和幸福感，那么对方曾经给过你多大的安全感，也会给你带来多深的不安全感。

在别人身上找安全感和幸福感本来就是个无解命题，然而，有些人非要经历过痛苦才能明白这个道理。

表妹安妮被求婚的时候，我也被当时她的男朋友乔要求参与其中。乔精心设计，亲自布置，给表妹来了一个童话般的求婚现场。突然被求婚的时候，安妮感动得眼泪哗哗的，当天还在朋友圈晒了自己 1 克拉的大钻戒，并大方表白，乔就是她的全世界。

婚后不久小两口就闹婚姻危机了，安妮带着行李离家出走，来到了我家。问她原因才知道，乔因为工作需要去香港出差，她要求他每天跟她报备行程，并且

要求他微信必须零秒回复，乔虽然很无奈还是答应了
她。但是安妮还是不放心，她偷偷在淘宝下单了 GPS
追踪器，趁乔不注意安装到了他的手机里。

　　虽然这期间并没有出什么实质性的问题，但是安
妮装在乔手机里的追踪器被乔发现了。乔觉得，为了
满足安妮的安全感，自己已经做得好于身边大部分男
士了，他没想到自己的另一半竟然这么不相信他，他
开始质疑婚姻的意义。而安妮觉得，自己无非就是在
乔的手机里装了个追踪器，想看看他对自己是否忠诚，
乔就这样质疑他们来之不易的婚姻，她甚至怀疑乔是
不是本来就不想跟她在一起。

　　小两口吵得越来越来劲，说出口的话越来越伤人。
冷静下来的时候，安妮自己也意识到了问题的严重性，
于是她跑来问我，自己是不是做错了。

　　我表示了对她的理解，毕竟因为父母早年离异，她
从小就是一个极度缺乏安全感的人。同时我也指出她
的问题，自身缺乏安全感，不会从自身获取安全感和
幸福感，而把所有的安全感和幸福感都寄托在对方身
上，太以对方为中心，把爱情当作生活的全部。

安妮做了深深的反思，两人冷静下来长谈了一次。乔拉着安妮的手回家了，我提醒安妮，如果还是把安全感和幸福感都寄托在乔身上，类似的问题，未来会有一大堆。

安妮回家后，买了一大堆关于亲密关系和自我认知方面的心理学书，对心理学产生了浓厚的兴趣，每天埋头看书，目光不再总盯着乔。她还报名参加了心理咨询师的考试，成功拿到了证书，安全感和幸福感倍增。她发现，只把爱情当作生活的一部分后，爱自己和爱对方同等重要，内心不再空虚，反而变得丰盈起来。乔不再被"监视"，两人不再互相消耗，他有了更多的精力去努力工作，专注于提升他们这个小家的生活质量，两个人过得越来越幸福。

对于身边有固定伴侣的人，学会从自身获取安全感和幸福感，情感上不过分依赖，相互成就，而不是互相消耗，这才是成熟的亲密关系的保证。对于单身的人，拥有从自身获取安全感和幸福感的能力，独立，不依赖他人，是一个人面对生活酸甜苦辣的底气。

如今的女性更懂得经济独立和精神独立的重要性，

更明白安全感和幸福感其实取决于自身。

贝壳找房发布的《2019年女性安居报告》显示，女性购房者的比例已经与男性购房者比例近乎持平，且30岁以上大龄单身女青年在女性购房者当中的比例越来越高，甚至高于平均值。这个结果一度引发热议，登上了微博热搜。

其实，这不足为奇，很多优秀的独立女性，都拥有经济独立与精神独立的自觉追求。她们通过自身努力搏出了亮眼的工作成绩，她们热爱生活，即使一个人，也把生活安排得丰富有趣。虽然外界舆论总是对她们不甚友好，但对她们来说，比起结婚生小孩，稳定的收入、小有成就的事业和自己的房子，更能给她们安全感和幸福感。

总之，不论男女，不论是单身还是有固定的伴侣，保持"单身的能力"，学会从自身获取安全感和幸福感，不攀附、不依赖，做最好的自己，人生便处处都是良辰美景。

每 个 人 只 能
陪 你 走 一 段 路 ，
迟 早 是 要 分 开 的

我们一生中会遇到多少人？

假设我们平均每天遇见 200 个人，按活到 70 岁
算，人一辈子可以遇见 511 万人。而在这么多人里，
我们能记得名字的，终其一生，也不足 2000 个。在这
2000 人里，泛泛之交、有事没事都不联系的占很大一
部分；因为成长轨迹不同而分开的同学、同事、朋友
占一部分；陪伴我们时间最长，却也不得不生离死别
的亲人占一部分。

年少时，我们总以为自己会有很多朋友，会有很多
人陪伴在身边，永远都不会落单。但事实是，没有人
能真正走过岁月，自始至终地陪伴我们。人生总要独
自前行，孤独才是我们生活的常态，才是我们人生的
底色。不惧怕孤独，享受孤独，保持单身力，但也不
拒绝爱情，敢在爱人的怀里孤独，这才是我们应有的
生活态度。

有人为了躲避孤独而选择结婚，只是想找一个人
来陪伴自己。但是，事实证明，这样的婚姻大多是不
幸福的。契诃夫曾说过："如果你害怕寂寞，就不要
结婚。"

如果你不相信，可以亲身去试一试。刚刚结婚时，你确实会和另一半度过一段甜蜜期，但别高兴得太早。过了甜蜜期，没有深层次的爱，才发现两个人之间连彼此将就都那么难。

你确实不用再一个人吃饭了，但是你们会因为吃什么互不相让，你想吃减肥营养餐，他觉得那是在吃草；他想吃烧烤，你觉得那是垃圾食品。好不容易达成一致，吃东西的时候，两个人竟没有共同话题可以谈笑风生……

也许你不用再一个人看电影了，但是想要分享观影心得却找不到人，你忘了他从来都拒绝思考。就算你们讨论起来，也常常因为感受不同而吵起来。不看电影，在家看电视，也能因为粉的偶像或喜欢的情侣组合不同而争论起来。

工作上遇到的糟心事，你全说给他听，开始他还会轻飘飘地安慰几句，后来就只有简单的一个"哦"了，再后来，你也失去了向他倾诉的欲望了。而他在工作上遇到什么事情都很少跟你倾诉，因为他觉得"跟你说了也没用"。

你爱看书，爱看纸质书，时不时花钱买书，他嫌弃你把钱浪费在华而不实的地方；他爱打游戏，不惜花重金买游戏装备，你同样也会指责他浪费。

大部分时候，你们可能连争吵也吵不起来，因为两个人的意识和认知根本不在一个层面，你说东，他以为是西。渐渐地，两个人之间的交流越来越少。睡觉前，明亮的手机屏幕照着各自的脸，也照着两个孤独寂寞的灵魂。

仅仅因为害怕没有人陪伴在一起，而不是因为相爱，那么迁就和磨合、沟通和交流就都成了不可能的事情。如果你需要一个人陪你吃饭，不如找一个跟自己口味相同的饭搭子，大可不必自欺欺人，把这种低质量的陪伴当作爱情——亲爱的，这真的不是爱情，只是对孤独的恐惧和妥协。

过去，单身、离婚的污名化使许多人难以坚持不婚，也很难鼓起勇气走出不健康的婚姻。现在，虽然结婚仍然是主流，但是仅仅因为害怕孤独而结婚的人越来越少了。因为现在的年轻人早早就认识并接受了人生的孤独性，他们自我意识强烈，追求舒适、自由、自我的生活方式，享受当下，只对自己的人生负责。所以，很多人选择晚婚甚至不婚。

每个人都只能陪你走一段路，无论你们曾经多么亲近，迟早是要分开的。我们相遇、相识、相知，陪伴彼此走过一段路，然后分开，各自走向各自的路途。即使是相爱的伴侣，也有面临分别的那一天。好的生活状态是：有人陪伴时，体会有人相伴的快乐；独处时，亦能享受自由的孤独。

我有一个朋友灿灿，性格豪爽，却也不乏柔软细腻，是朋友圈的社交小达人，也是已经独居9年的仙女。有人问灿灿，和朋友聚会欢乐玩耍后，夜晚到家，面对漆黑一片、空荡荡的屋子，不觉得有些落寞和孤独吗？语气还颇有同情意味。

灿灿淡然一笑："落差是有的，但是打开灯，换上舒服的家居服，打开电视，看看家里的绿植是否偷偷开了小花，给自己煮个消夜，心里就又热闹起来了。我喜欢和朋友相聚，大家聊天、唱歌、跳舞，很开心；我也喜欢独处，一个人也可以把日子过得热气腾腾。这样的生活，我很满意。"

后来，灿灿遇到了现在的男友，两个人感情很好，但依然保持各自独居的状态，工作日偶尔见面，周末一起度过。有些朋友又对灿灿提出质疑，谈恋爱了还独居，这跟没谈恋爱有什么区别？放男友一个人住你放心吗？这样的感情走下去不会长远吧？

灿灿笑笑说，这只是目前我们都很喜欢的生活状态，保持自我，也尊重对方的独立性，一起成长，一起进步。成熟的爱情本来就是一个人时轻松，两个人时自在。

这世上，幸福本就参差百态，不应该也不可能用同一套标准来衡量。单身有单身的快乐，结婚有结婚的甜蜜；有人陪伴有有人陪伴的愉快，独处也有独处的自由。

重要的是，我们拥有独立的精神，时刻保持单身力，这是一切幸福的前提。愿每个人都能找到最适合自己的活法，把人生的船桨牢牢掌握在自己手中。

不 被 舆 论 左 右 ，

坚 定 不 移 地 做 自 己

　　前段时间，不经意间看到了某综艺节目里，伊能静和她婆婆的一段对话，让我很受触动。伊能静问婆婆，觉得自己一生中做得最对的一件事是不是嫁给了爸爸？没想到婆婆语出惊人："那倒未必，我现在不这么想。这辈子做得最好的事，不一定非得是婚姻，也可能是，你做了自己，不要依附于谁。"

　　伊能静婆婆的回答，让我不禁开始思考，生命的意义到底在哪里：外界评价的好坏？结婚与否？子女是否成功？是否有很多朋友？是不是很富有？所有这些似乎都包含在答案里，但又似乎都可以忽略。这些条件都不是真正正确的答案，唯一正确的答案，我想，大概是像美国电影《最后的话》里面哈丽特所说的，"没有恶意地坚定不移地做自己"。

　　茨威格说，一个人生命中最大的幸运，莫过于他在还年富力强的时候，发现了自己生活的使命。发现自己生活的使命，不被周围的舆论所左右，继而用余生去践行，坚定不移地做自己，这才是理想的人生。

　　在电影《最后的话》里，女主角哈丽特是一位控制狂。年轻时，她是一位事事亲为的成功女商人；退休后，她依然事事亲为，想要把生活的方方面面都把控在自己手中——亲自理发、亲自做饭、亲自修建花园，直至有一天自己因病住院。哈丽特自觉时日无多，她想要连报纸上刊登的讣告也按照自己的想法来写。

因为一般的讣告都是死者死后由别人的评价撰写而成的，内容一般是此人多么深受家人爱戴、多么深得同事赞赏，或者曾经意外地改变过别人的人生之类的。虽然哈丽特企图把控一切，但是她终究无法把控别人对她的评价。她强势、自负、控制欲强、追求完美，所有亲朋好友中，几乎没有人对她有好的评价，甚至包括自己的丈夫和女儿。然而，纵使没有家人的爱戴，没有同事的赞赏，也没有意外地改变过别人的人生，哈丽特在外界看来尖酸刻薄的表象之下，却藏着一个勇敢做自己的有趣灵魂。她唾弃别人口中的闲言碎语，坚持做自己，活出了真实的自我，她从不做作，始终保持着追求自我价值和快乐的勇气。

最终，她的讣告也因那句"没有恶意地坚定不移地做自己"而与众不同，这也是哈丽特生命的意义所在。对生命最大的尊重与热爱，莫过于真正地了解自己，且坚定、勇敢地做自己。正如影片中所说，"对待生命你不妨大胆冒险一点，因为好歹你要失去它。如果这世界上真有奇迹，那只是努力的另一个名字。生命中最难的阶段不是没有人懂你，而是你不懂你自己"。

然而事实却是，很多人直到生命的尽头回顾一生时，才真切地面对来自生命的拷问，才想起过去没有去努力实现的梦想、想起自己压抑自我的一生，忽然想要按下生命的重启键，让那些并非忠于自我而做的事情改变方向，从而改变整个人生的航向。可惜生命无法逆生长，人生亦没有办法从头再来，等到那一刻，一切为时已晚。

比起"出名要趁早"，我们更应该明白的是，做自己也要趁早。虽然敢于做自己不分年龄段，但是越早活出自己的姿态，平淡无奇的人生就越有可能被改写。24岁，正是女孩儿们肆意享受青春时光的时候，而24岁的春夏，凭借电影《踏血寻梅》站在了第35届香港电影金像奖最佳女主角的领奖台上，十足爆了一个大冷门。

在《踏血寻梅》选角的时候，导演曾提醒春夏，影片里有需要大胆演出的片段，可能会被人们指指点点，也可能会遭到家人或朋友的反对。春夏笃定地说："我18岁以后做的事都不需要经过家人同意。"在被记者问到在片场拍摄裸露戏份会不会有不安全感时，春夏也是淡定地回应说："就算在场工作人员都不尊重我又怎样？我做的是我分内的事情。"

不被舆论所左右，不把别人的看法放在心上，坚持做自己想做的、该做的事情，在本该青春懵懂的年纪，春夏活出了超越年龄的通透。

拿奖后，知道春夏的人越来越多，针对她的各种各样的评价也越来越多。有人评价她的外貌不好看、显老。拿奖后的一年里，春夏推掉了很多商业合作，拒绝了所有"赚快钱"的机会，有人就站出来说，春夏不懂得珍惜事业发展的好机会。

不以客观友好的眼光看你的人，永远不会给你一个客观有用的评价，有的甚至还带着某种无来由的恶意。虽然才二十多岁，但春夏深谙此道。她可以不顾外界的舆论，按照自己的节奏工作、生活。她知道自己最喜欢做的事情就是做演员，于是专心投入地拍戏，认真地挑选剧本，只拍自己想拍的戏。当然有时候她也会迷惘，也会宽容自己停滞不前，就算被困在原地打转的困境里，对她来说，那也是自在的。

一个成熟的成年人，懂得为自己的人生自负盈亏。自己想做的就决定去做，自己想要的事情就去争取，不介意别人怎么说，哪怕被嫌弃，也坚定勇敢地做自己，这样的人生值得被尊重，这样的人也值得被喜欢。

不得不说，现实中，我们大多数人都因为种种原因，无法成为特立独行的哈丽特，也无法成为敢于做自己的春夏。"休相问，怕相问，相问还添恨"，我们总是太在意别人的目光，在意别人如何看待自己。"做自己"说起来简单，但做起来却很难。

有人终于鼓起勇气做自己了，想要选择自己想要的生活，想要谈一场顺其自然的恋爱，然后水到渠成地结婚，或者不婚，却在父母及亲朋好友的催婚下缴械投降。为了满足父母的期待，他们终究还是打扮成了父母觉得得体的样子，去见一个父母喜欢、自己无感的相亲对象。

有人曾一度把婚姻当成余生的保护伞，在经受现实的打击后决定重整旗鼓，做回自己，却发现根本没有做回自己的勇气，比起做单亲父母的艰难以及承受他人同情的目光，他们更愿意将就着维持婚姻现状。

有人一直在追逐别人的脚步：小时候为了成为"别人家的孩子"努力学习；长大后为了成为"理想中的自己"拼命工作；等到老年以后，追逐别人的脚步已经成了他们的习惯，于是他们总是眼望着别人家的幸福生活，苛责儿女，对自己也不宽容。不会做自己，不了解自己，把别人的人生当成样板人生，每一步都走得焦虑不堪，就算真的成功了，也不会开心。

看吧，很多人都是这样，仅仅因为外界的三言两语，甚至不经意的目光，便从一开始就放弃了做自己，同时也放弃了自我实现的结局。

所谓自我实现，就是做自己想做的事，实现自己的梦想，完成自己的使命。如果你已经开始勇敢做自己，那么恭喜你，你已经迈出了第一步。不过有一点你要明确，"坚定不移地做自己，不被舆论左右"，是不在意别人的看法，并非完全、彻底地拒绝听取别人的意见，或者忽略别人的感受。不在意别人的评价是指不要让自己被外界的舆论影响或伤害，并非闭塞视听。

只有真的不在意别人的看法，我们才能正视和面对自己的人生，心平气和地甄别他人对自己的看法。在面对鲜花和掌声时不会得意忘形，也不会迷失自我；在面对批评和指责时，能接受中肯有用的部分，也能坚持走自己的路。

成功的方式有很多种，人生也没有所谓标准的范式，只有一种成功是高级的，那就是用自己喜欢的方式度过一生。哪怕没有人认可，没有人支持，只要不违背法律、道德，只要没有对他人抱有恶意，都应该坚持走下去，如此才不辜负人生这一遭。

02

单身
不是幸福的障碍，
学会好好爱自己

世界上的幸福有很多种，
结婚不是幸福的保证，
单身也不是幸福的障碍。
最重要的是，
我们要学会爱自己。

我 们 凭 实 力 单 的 身 ，

活 好 自 己 比 什 么 都 重 要

　　2006 年，一部阿部宽主演的日剧《不能结婚的男人》让我入了日剧的"坑"。万万没想到 13 年后，又出了续集《还是不能结婚的男人》，除了眼角长出了鱼尾纹，宽叔还是那个宽叔，男主还是那个凭实力单身的男主，继续享受着单身生活。

　　其实这部日剧的直译名准确来说并不是"不能结婚的男人"，而是"做不到结婚的男人"，这两句话看起来差不多，意思可差太多了——前者是没有结婚的能力，被动不结婚；后者是做不到结婚，不想结婚，主动不结婚。

　　抛开其他剧情不讲，我之所以沉迷上这部剧，就是被剧里男主桑野信介精彩自由的单身生活所吸引。13 年前，信介坚持认为自己不需要爱情，也不需要婚姻；13 年后，信介依然坚持单身主义的观念。除此之外，不变的，还有这个偏执的"钢铁直男"充满仪式感和精致感的单身生活。

　　一个人在家大声地放着交响乐，举起手臂，把自己想象成大指挥，把空空荡荡的客厅想象成满坐着粉丝和观众的演播厅，手臂随着节奏有力地摆动，身体也随着旋律律动，眼神跟着乐曲神采飞扬。

即使是一个人的晚餐，信介也从不将就，每一餐都要讲究荤素搭配，食材丰富，美味又健康。即使与朋友相约去吃烤肉，被放了鸽子，他也能很兴奋、很享受地独自吃完。

外出旅游时，身为建筑师的他会热情地为游客讲解各种建筑；闲来无事时，他也会兴致勃勃地动手做一个豪华游轮模型。

那种单身生活的自由与快乐，恐怕只有真正享受单身生活的人才能懂。大家都是凭实力单的身，能不能把单身生活过得精彩、活好自己，真的比什么都重要。

我认识的朋友中就有一位跟桑野信介极其相似的男性。事实上，就个人条件来讲，他绝对算得上恋爱结婚的理想对象：长相中上，身材管理满分，衣品很好，收入高且稳定，爱做家务，最重要的是很会做饭，还很会拍照。所以，他身边从来不缺桃花，也谈过几次恋爱，只是后来突然之间，他像看破红尘似的，竟然一直保持单身到现在，已经 5 年了。

　　和他谈过恋爱的女性朋友都这么评价他：凭实力单身的钢铁大直男。我的这位朋友不仅不会说甜言蜜语，反而嘲讽技能高超，简直是行走的"ETC"（自动抬杠系统），试问哪个女孩愿意跟一个吵架永远吵不赢的杠精在一起？

　　但在我们这几个朋友看来，他并不是那种事事爱抬杠的偏执狂。用他自己的话解释——距离产生美。谈恋爱的时候要与女友经常见面，甚至住在一起，他的杠精体质就会被激活，导致两个人过得都不痛快。总而言之，他觉得自己不适合恋爱或者结婚，独居才是他最佳的人生状态。

　　已经结婚的朋友会时不时地问候他，问他需不需要介绍合适的女孩子认识。其实大可不必，别人眼里需要同情的单身汉生活，在他眼里正是最自在的生活状态。

　　他爱喝点小酒，家里有诸多藏酒，晚上下班回家，醒上一瓶酒，再下厨房做几道爱吃的小菜，一人独酌，扫除一天的疲惫，备感轻松。他还喜欢看足球赛，一场也不肯放过，就算是半夜举行的赛事，也会提前调好闹钟起来看球，看到兴奋处，自己还会情不自禁地拍手叫好。他有轻微洁癖，一个人生活无论怎么折腾都不会把家里弄得乱七八糟，稍微利用点闲暇时间，就能把房子收拾得纤尘不染，宛若新居。和朋友聚会的时候，他要么不说话，静静为大家倒酒添茶，要么语出惊人，逗得大家哈哈大笑。工作起来，他比谁都认真专注，并且时刻保持学习的能力，领导、同事公认的业务突出。

人和人是不同的，肯定会有人觉得这样的日子太寂寞，但对他来说，这就是踏踏实实的生活，因为恋爱或结婚就要和另一个人朝夕相处，这会使他迷失自我，变成连自己都讨厌的人。这样安安静静地生活着，看似孤独，但心里是满的，丝毫不感到寂寞。

身边的朋友问他，还会恋爱吗？他说，会吧，但是我想在好好爱别人之前，先好好地爱自己一番，因为只有爱自己的人，才有可能爱别人。过好自己的生活，把自己的身体和灵魂照顾好，让自己变得更好，才有能力去爱别人。

在我看来，过好自己的生活，之所以比一切都重要，是因为它能让我们的人生生出一种笃定的力量。不管单身与否，只要我们认定了自己想要过什么样的生活，那就去认真地过，活好自己，不仰望别人，才能不被别人的评论或眼光所左右。唯有如此，我们才有去过自己想要的生活的勇气和定力。

《非正式会谈》第五季第四期讨论的话题，对当下的年轻人很有现实意义，话题中提出了一个概念"社会时钟（social clock）"，指用来描述个体生命中主要里程碑的心理时钟。它由社会文化背景决定，反映了我们生活的社会对我们的期望。

不只是年轻人，我们每个人都承受着来自社会时钟的压力。倘若我们的生活没有按照社会时钟既定的时间走，那么父母、亲戚、好友就会催促我们回到所谓的正常生活的轨道上，也就是催促我们尽快赶上社会时钟。处于这样的文化背景或者说压力之下，我们常常会因为自己没有遵循社会时钟而感到焦虑不安。

单身的会被催婚，已婚的会被催生，已婚已育的又会被催生二胎……被催出来的人生根本没有幸福感可言，明明是自己的人生，却一直在满足别人的期望。

如果你正因为没有遵循社会时钟而焦虑或迷惘，请收回自己看向外面的目光，试着只着眼于自己的生活，活好自己，你会重新收获鲜活的自我和充实丰盈的人生。

对婚姻生活幸福甜蜜的人，我们不仰望，不羡慕；对婚姻生活过得没那么好的人，我们不轻视，不否定。人生本来就是道开放性试题，正确答案有很多个，只不过它们共同的前提就是活好自己。先活好自己，好好爱自己，不管你以单身作答，还是以结婚作答，都是正确无误的答案。

被催出来的人生根本没有幸福感可言，明明是自己的人生，却一直在满足别人的期望。

人生本来就是道开放性试题，正确答案有很多个，只不过它们共同的前提就是活好自己。

当你又忙又美，

何须患得患失

　　很多女生谈恋爱都有一个通病，那就是"明明他长得一般，我却总担心他被人抢走"。一旦男友有如下行为，就开始胡思乱想，怀疑自己是否错付了真心，怀疑男友是否真的爱自己：

　　给男友发了微信，他没有秒回；男友和你打了两局游戏就退了，感觉就像敷衍地应付差事；你要检查男友手机，他却不愿意让你看；你想让男友把微信头像换成你的照片，男友没有换；你分享给男友一条微信推送，男友并没有认真看；男友经常把"算了不说了，说了你也不懂"挂在嘴边……

　　有人说，在爱情里，经常患得患失的一方通常爱得更深。其实未必，三天两头患得患失的那一方，只是更输不起罢了。在感情世界里，当你输不起的时候，你就已经输了。把爱情当作生活的全部，生活全都围着男友转，渐渐地，你对男友的依赖性会越来越强，在这段感情里也越来越自卑，越来越无法接受男友的半点冷落。

　　张小娴说过："好好爱他，然后，也要好好生活，留住一个人的，从来不是卑微，而是活得出色和独立。

努力成为一个任何人都很想爱上的女人。"聪明的女生懂得，爱情并非生活的全部，她们追求又忙又美的生活，做自己人生的大女主。患得患失的人格局太小，那是悲情女配的戏码。单身时，她们活得精彩，过得自在；恋爱了，亦能活出自我，自信又美丽。

身为新时代的独立女性，理应懂得如何让自己变得又忙又美丽。所谓忙，不只是忙于事业，还要让自己过得充实有趣，不论单身还是有固定伴侣，都能过得精彩。所谓美，不只是穿衣打扮，还要对自己有信心，懂得欣赏自己的美，活得自信而从容。

我想大多数人应该都经历过患得患失的阶段。因为患得患失，我们谨小慎微，脑子里想法很多，但行动上却被束住了手脚，眼光亦变得狭隘，不仅丝毫没有成长、进步，还过得很不开心。

感情上，想靠近又怕打扰，想关心又不想说出口，想分手又不甘心；用十二分的心思拿捏自己的姿态，生怕对方突然不喜欢自己；每天都在做心理建设，丝毫没有安全感，生怕对方遇到了更好的人就会离开自己。

工作上，有想法却不敢说，想努力又怕被否定，想放弃又放不下；脑子里有一千个想法，却不知道该做哪一个；有感兴趣的项目也不敢努力争取，生怕自己一步走错，全盘皆输。

人际关系上，想说话又怕说错话，想联系又不知道说什么，想拒绝又怕得罪人；内心里轮番上演各种"小剧场"，内心戏比谁都丰富，话到嘴边却不知该如何开口；一度以为自己有社交恐惧症，从来不敢主动交朋友，身边也没有几个朋友。

然而，所有让我们患得患失的事物，最后都会失去。在心理学上，患得患失的心理状态被称为瓦伦达效应。美国一位著名的高空走钢丝演员瓦伦达，是6项吉尼斯世界纪录的保持者，史上走钢丝穿越尼亚加拉瀑布第一人。但是在一次重大表演中，他不幸失足身亡。事后他的妻子表示，瓦伦达在失事表演前总是在念叨"千万不能失败"。而之前所有成功的表演，他总是专注于练习，心无旁骛，根本不担心结果。瓦伦达的最后一次表演就是因为患得患失，过度在意结果而不能专注于脚下，导致自己表演失败，甚至丢了性命。

有想做的事情就坚持到底，
因为生命总会优待又忙又美的你。

　　拯救患得患失心理的一剂良药就是让自己充实起来、自信起来，修炼又忙又美丽的技能。当你开始追求又忙又美的人生，开始拥有高自律、高价值感和高成就感的自我历练和追求时，那个患得患失的自己就会离你越来越远。

　　当你开始变得又忙又美，就离女神级的人生不远了。生活上高度自律，好好吃饭，好好睡觉，按时健身，呵护自己的身体，你会由内而外地比大多数同龄人年轻。工作上追求高价值感，在职场上努力打拼，不苟且，不安于舒适圈，敢于挑战自己，你会获得高一倍的成绩。生活和工作之余，追求高成就感、高质量的闲暇时光，深挖长处，给自己的爱好赋予价值，拓宽自己的能力范围，你就会比别人多一份"睡后收入"。当你又忙又美又有钱，何须因为外界的眼光而患得患失？

　　前段时间，58岁的关之琳在微博上晒出从她的山顶豪宅拍摄的香港绝美双彩虹，底下有些评论很不友好："有钱又怎样？没有老公和孩子，人生不还是很失败吗""住这么大的房子，也只是个孤独的美人罢了"……这些存在感微弱的恶评，关之琳根本不会在意。

虽然淡出了娱乐圈，关之琳也不再年轻，但是她把自己保养得很好，懂得投资，又有自己的事业，经营着自己创立的护手霜品牌和睡衣品牌，发展得很顺利。又忙又美又有钱的快乐，是患得患失的人永远体会不到的。

同样因为没有生育遭受质疑的女神还有 61 岁的杨丽萍。为了舞蹈效果，杨丽萍老师留了长长的指甲，每年指甲的护理费都要 20 万左右，有人不免对此说上几句酸溜溜的话。如今女神已年过半百，才不会因为一些井底之蛙的恶评而患得患失。她所追求的，绝非一般人的人生，而是生命的充实和精神的丰满。

即使你正陷于生活的困境，即使你正在为改变人生轨迹而拼命奔跑，即使你偶尔也会因为患得患失而踟蹰不前，都不要放弃对美和优质生活的渴望，而要保持对这个世界的新鲜感和好奇心。有想做的事情就坚持到底，因为生命总会优待又忙又美的你。

又忙又美又独立的生活里，才有一个女人真正想要的安全感，那种安全感要比所谓的"运气好""嫁得好"都来得踏实。当你不再患得患失，当你又忙又美，当你通过不懈的努力掌控了自己的生活节奏，让生命展示出它本该有的意义和内涵，实现更好的自我，这才是最高级的活法。

精神上不依附，

物质上不攀附

　　知乎上有个讨论度很高的问题："不结婚和嫁错人哪个更可怕？"大多数回答者的答案都是，嫁错了人更可怕。

　　其实，不结婚或嫁错人都不可怕，真正可怕的是经济不独立、思想不独立、情感不独立。单身的时候，没有独处的能力，整天寄希望于恋爱或结婚可以让自己摆脱寂寞与无助，而不是通过自身努力拥有更好的人生；结婚后，物质上攀附伴侣，精神上依赖伴侣，即使发现嫁错了人，也没有重启人生的底气和能力。

　　亦舒曾经说过，没有任何人会成为你以为的、今生今世的避风港。作为现代女性，做到精神上不依附，物质上不攀附，保持单身力，我们才有独自面对生活一切风浪的底气。这样，即使一辈子单身，我们也有底气面对一切，有能力掌控一切；即使嫁错了人，我们也有勇气重新开始，有能力及时止损，逆风翻盘。

　　精神上不依附，物质上不攀附，保持自我的独立性，是我们在这个世界生存下去的基本能力。如果没有习得这种能力，那就只能沦为别人的附属品。电影《被嫌弃的松子的一生》中，松子卑微到了极点，每遇到一个人，她都把全部的希望寄托在那个人身上，哪怕那个人并非良人，哪怕那个人带她过的是地狱般的生活，她都觉得那是幸福，好过一个人孤孤单单的。一旦那个人离开了她，她便失去了生活的全部动力。

对于松子悲剧的一生，其原生家庭的影响是最大的。但让她一再深陷悲剧命运的根本原因，是她做不到精神上不依附、物质上不攀附。松子与家人断绝了关系，没有亲人可以依靠，她也没有自己感兴趣的事和真正热爱的职业，无法实现经济独立和精神独立，无法依靠自己的力量去面对外界的一切。所以她只能自欺欺人、自我麻痹，告诉自己，那个人虽然像垃圾一样，但是跟他在一起就能幸福。一直向往爱与幸福的松子，却始终没被人真正爱过，连她自己也没有。

单身的时候如果没有把生活过好的能力，那么也不要指望恋爱能够拯救你，更不要天真地以为结婚就能"脱贫"了。不管是恋爱还是结婚，都应该是两个势均力敌的人走在一起，互相成长为更好的人。一方完全依附另一方存在的亲密关系，不会走得很远。

《我的前半生》中，罗子君和陈俊生就是如此。陈俊生向子君求婚时，说出了很多女孩都想听的话"我养你"，陈俊生让她什么也不做，在家做全职太太，子君就真的当起了养尊处优的全职太太。

我相信陈俊生这么做一定是出于他的真心，那时的他的确深爱着自己的太太。但是，人总是会变的，生活总是无常的，子君天真地把丈夫和儿子当成自己生命的全部意义，没有自己的兴趣爱好，甚至连家务都不用自己做，闲来无事便大手大脚地花钱，去名牌店里对着店员颐指气使，其实，这些不过是在弥补她内心的空虚罢了。

深夜睡不着时，子君想着自己不能失去这个家，失去了就什么都没有了，而她没有面对失去一切的底气，也没有重新开始的信心。她把自己的家当作角斗场，要么胜者为王，要么血溅当场。而此时的陈俊生已经厌恶了把老公和儿子视作全部的妻子，他爱上了更合自己心意的第三者。

等到子君终于发现一切不可挽回，想争取儿子的抚养权的时候，公公跳出来说了一句话："你们吃的、喝的、住的都是我儿子挣钱养活的，靠你，行吗？"精神上依附家庭，物质上攀附丈夫，自己没有独立的思想、情感，也没有属于自己的事业，连保护自己最爱的人的底气和能力都没有。

很多已婚女性因为各种原因，在家做全职妈妈。做全职妈妈并非不可取，真正不可取的，是当你的伴侣在马不停蹄地往前走的时候，你还在原地踏步。这很容易导致你们在一起时缺少共同语言，就连吵架都吵不出新意，只能陷入翻旧账的死循环。这时候，即使勉强不分开，你们也不过是貌合神离的假夫妻罢了。

好的婚姻是两个人共同进步，一起构筑一个幸福的家。即使是全职妈妈，也不要放弃提升自己，应该发展自己的兴趣爱好，学着创造自己的副业，利用自己手头的工作资源为自己谋取工作机会，等等。这样不仅生活充实，内心也有满满的安全感，伴侣忙于工作的时候，你也在做有价值的事情，你可以骄傲地对世界大声宣布：他很好，我也不差，越来越好的我足以与他相配。

这个世界上，除了你自己，没有谁可以充当你的长期饭票，也没有谁愿意永远做你的避风港。在这样的法律政策下，如果你依然无法做到经济独立、思想独立和情感独立，那你就只能祈祷男人会永远爱你、永远护你周全了。

法律政策的变化、男人的心，都是不可控的，唯一可控的只有你自己。拥有属于自己的事业和独属于自己的财产，拥有独立自由的人格，如此才能保证我们在婚姻和生育问题上真实地握有最大限度的选择权。要不要恋爱、要不要结婚、要不要生娃……人生所有的重要选择，全都应该在自己的掌控之中。

如果你正单身，如果你经济独立、思想独立、情感独立，你可以不必考虑用恋爱或婚姻给自己加码，但必须时刻记得提升自己的能力，懂得取悦自己，做到精神上不依附、物质上不攀附，因为更好的你值得更好的生活。

如果你已经有固定伴侣，那么你更应该保持经济和人格独立，让自己可以不用依靠任何人去生活，懂得幸福靠自身获取，保持单身的能力，才有资本去拥抱更幸福的未来。

有 空 多 挣 钱 ，

没 事 早 睡 觉

　　我们已经在各种"狗血剧"、小说和现实中预览过太多分分合合，每一个失败的婚姻和悲剧的爱情都告诉我们，身为女性，我们早该有这种意识，比起脱单，更重要的是脱贫；与脱贫同等重要的，是有个健康的好身体。说白了，就是有空多挣钱，没事早睡觉。

　　对于一个成年人来说，钱有多重要，缺一次你就懂了；睡觉有多重要，熬一次夜你就知道了。有钱可以省去生活中的很多烦恼。好好睡觉，养一个好身体，是我们面对生活中很多烦恼的本钱。

　　去年国庆节前，我早早预订了去阳朔的车票，打算赶在节庆旅游高峰前，去朋友开的民宿住几天。临出发前突然下起大暴雨，我住得有点偏僻，很担心刚叫的滴滴师傅不来了。庆幸的是，司机师傅还是如约而至，上车后在去车站的路上，我们闲聊了起来。

　　我赞美师傅的守约精神，师傅笑笑说，自己是兼职开滴滴，正好有空，就接了我下的单，下雨也挡不住挣钱啊！俗话说得好：有空多挣钱，没事早睡觉。

　　道理很简单，可惜很多年轻人不懂。师傅讲，他的女儿大学还没毕业，听他说这句话，直接就改成了"有空多玩会儿，没事睡啥觉"。

"他们这一代人从小就是独生子女，都是小公主、小皇帝，从小吃的、喝的、穿的、玩的样样不缺，根本不知道钱有多重要。年轻人无忧无虑，精力旺盛，她放暑假回家，整宿整宿地打游戏，不睡觉，第二天呼呼大睡，生物钟完全昼夜颠倒，身体也没事。等她出来混社会，她就会知道，很多人之所以不快乐，无非因为挣钱太少和睡眠不好。"

挣钱太少，现实中的生活与自己理想中的生活相差甚远，天天活在不满足、不甘心的阴影下，自然不会感到快乐。而不管挣钱多还是挣钱少，都要好好睡觉，给自己的身体充充电。等到你充好电了，身体强壮，能量满格，足以抵御未来 80% 的难题和未知风险。

不管你是单身，只需要负责一个人生活，还是已经结婚，要经营一个家庭，你都要明白：手里有钱和身体健康，是成年人面对生活的底气。

手里有钱，好好挣钱，并不是为了向别人炫耀自己有多少财富，也不是为了追求多么高档的奢靡生活，而是为了让自己和家人生活得体面、有底气，拥有更多的选择权。正如毛姆曾在《人性的枷锁》中说到的："人追求的当然不只是财富，但必须要有足以维持尊严的生活，使自己能够不受阻挠地工作，能够慷慨，能够爽朗，能够独立。"

成年人的大部分问题都跟钱有关，几乎所有的问题都能通过挣钱来解决。而且一有闲暇时间，人们往往就会胡思乱想，越胡思乱想，问题就越多，不仅自己心累，身边的人也会跟着累。与其闲着胡思乱想，在无聊和闲散中得过且过地耗费人生，不如让自己忙起来，将空闲的时间兑换成价值储存起来，不仅多了一份收入，还可以让自己的人生变得更有价值、更有深度。

小马是朋友圈的大忙人，每天天还没亮他就出门开滴滴，吃了早餐就去工作；趁着中午休息时间，研究研究自己买的几只股票；晚上下班后，他又跑到夜市摆摊。看着他似乎一点闲下来的时间都没有，我问他最喜欢做的事情是什么，小马不假思索地回答：赚钱是我唯一的爱好。事实上在我看来，小马已经把自己的时间利用得足够充分了，但是他还能挤出闲散时间复习，考取了注册安全工程师的证书，顺利评了职称，工作又进了一大步。

尤其对于单身人士，不需要花时间谈恋爱，闲暇时间会更多。与其宅家不停地刷剧、打游戏，不如学习一项技能，发展自己的兴趣爱好，提升自己的能力。在提升自己的时候，顺其自然地等待爱情的到来，不强求，也不将就，命运必将厚待越来越好的你。

好的睡眠会赋予我们身体最好的自愈力。波士顿大学曾在《科学》（Science）杂志上发表过的一项研究成果表明，当我们在睡觉时，大脑会进行自我清洗。我们睡着后，首先，我们大脑内的神经元会安静下来，几秒钟后，血液会从脑部流出，紧接着，一种被称为脑脊液的水状液体就会流入大脑，以有节奏的脉冲冲刷我们的大脑，从而使所有废物沿着血管被清出大脑。

不仅如此，好好睡觉，也会使那些入睡前的糟糕情绪悄悄被治愈。《神经科学杂志》（Journal of Neuroscience）的研究声称其首次证明了安稳、深沉的睡眠有助于缓解情绪困扰，而睡眠质量不佳则会增加经历情感创伤等困难事件的风险。

本人一向以睡眠来缓解不好的情绪。每每有坏情绪或者压力过大的时候，深呼吸几次，让大脑忘记一切，踏实地睡一个长长的觉，直到自然醒来。睡醒后，会觉得身心都变得轻盈了，内心平静极了，不好的情绪也烟消云散。甚至我可能会重新看到问题的另一个角度，找到解决问题的方法。怪不得《高老头》里有这么一句话："有时福气就是在睡觉的时候来的。"

所谓的好日子，就是手边有钱、吃好睡好、所爱之人全部安好。相信我，除了你自己，最后能给你踏踏实实安全感的，无非就是手头有活、车子有油、手机有电、钱包有钱；能给你真真切切幸福感的，无非就是饿了就吃、困了就睡。

对于我们大多数平凡的普通人来说，有空多挣钱，没事早睡觉，顺其自然，是比闲下来千般计较、万般思虑好 100 倍的活法。

用 内 在 武 装 自 己 ，

用 外 在 点 缀 自 己

不知道你有没有过这种体验，明明已经在睡觉休息了，大脑却还在轮番上演"小剧场"，要么是家庭小剧场，要么是职场小剧场，时不时夹杂一些社交小剧场……这样睡一觉醒来，比没睡觉还累。

低质量睡眠的表象之下，是现代人紧绷和焦虑的精神实质。人们每天疲于奔命，拼尽一切，努力想要抓住生活的一切，车子、房子、奢侈品……仿佛只要拥有了这一切，自己就不会被这个时代抛下。如果只追求外在的物质，得到的也就只有精致的外表，没有一个精致的内在。而一心修炼内在，完全不考虑外在的修饰的话，又未免给他人、给自己留下外表粗粝的印象。最好的平衡自然是内外兼修，修炼好内在灵魂的同时，也经营好自己的外在形象，如此才算活得潇洒漂亮。

邻居家的阿姨今年刚好 50 岁，一头乌黑亮发，皮肤白皙，身上没有一点赘肉，平时爱好尝试各种风格的衣服，配上适宜的妆容，看起来完全不输二三十岁的年轻女孩。

阿姨在小区附近经营着一家临街的花店，花店已经经营了十几年，店面也有一定的规模，她雇用了两个年轻小店员帮忙打理花店的生意。平时生意不忙的时候，阿姨或者跟年轻人喝个下午茶，听年轻人聊聊天，让自己更了解年轻人的想法，跟上时代的步伐；或者自己在一旁静静地看会儿书，武装自己的内心和头脑。等到店里生意忙起来的时候，阿姨也会和店员一样扎上围裙处理花材，专注地投入到花艺工作中。

我经常在阿姨店里买花，每次都会和她多聊几句。可能因为工作的关系，阿姨对各种花都了解得相当透彻。从花朵或绿植的生活习性，到每种花的花语故事，她随时都能娓娓道来。很多前来买花的人都和我一样，因为爱听阿姨讲花朵的故事，才成了他们店里的固定客户。此外，阿姨还酷爱给每朵花标上拉丁名字，标签都是阿姨亲手写的。大方美观的花体英文，写在素雅的小卡片上，无不显示着主人的精致内涵。看到阿姨手写花体英文的那一瞬间，我忍不住感叹："阿姨，您还有什么技能是我们没见过的！"难怪来买花的几个年轻人经常叫她"宝藏阿姨"。

尽管已经50岁了，阿姨也不曾以年长为借口，停止学习和进步。2020年春节后，阿姨学会了使用微信

群给顾客们搞鲜花团购。她知道爱花的人都不太喜欢
受打扰，所以每周只搞一次鲜花团购，其余的时间也
只是偶尔发发鲜花图片什么的。为了拍出好看的照片，
阿姨还特地向摄影师学了些摄影技巧。随着阿姨摄影
技术的日日精进，她拍摄的鲜花美图都被顾客们用作
了手机壁纸。

精神上富养了自己，在外在形象的管理上，也一
定不能马马虎虎地应付了事。阿姨的原则是内外兼修，
不仅要有一个有趣且高贵的内在灵魂，也要有一个自
信优雅的外在形象。为了保持好身材，阿姨保持着超
强的自律性，从来不吃垃圾食品，坚持健康的饮食和
作息习惯，坚持运动和健身。阿姨还研究出一套自己
的穿搭圣经，既不媚俗，也不随波逐流地紧跟潮流，
让自己穿得好看，又很有个人风格。每次出场，阿姨
必然是最自信、最有气质的那一位。

内在的提升是为了外在高雅，外在的追求也是为
了内在惊艳。用内在武装自己，不断地更新自己，就
会越来越有能力面对生活中的一次次考验，给人一种
淡定从容的高级感。用外在来点缀自己，本质上也是
内在追求的外在体现，能让我们变得更加自信且坚定。

这个世界上，好看的人那么多，有趣的灵魂也不少，既有趣又好看的人才是真的万里挑一。

现代人往往有两大错误观念，一是，如果一个人拥有高贵且有趣的灵魂，那他的父母一定在他的教育上花费了很大的投资。毕竟那些所谓的社会公知，要么是名校毕业，要么是世界500强公司的高管；二是，如果女人保养得好，那一定是在保养脸蛋、身材和穿衣打扮上砸了很多钱。因为在普通人的概念里，"女神"都是很昂贵的，平时拿的必须是大牌包包，穿高定服装，用贵妇保养品，再不济也要走轻奢路线，用一线的大牌美妆。

这两种错误的观念直接导致一种错觉，即只要我花了钱，我就能轻松变美，变得更有内涵。如果我没钱，我就很难变得更好、更美，只能在生活的困境中原地打转。其实，精神上富养自己并非真的"富"，外在上有所追求也不一定要花很多钱。

内在的提升主要在品质、性格、技能和生活态度方面。这些方面的能力都可以通过阅读和学习来提升。对已经离开学习环境的成年人来说，只要保持着持续阅读和学习的习惯，就能不断提升自己的内在。而阅读和学习往往不需要花很多钱，难的是你能否为此坚持下去。

人的气质是由内而外的，但是不可否认的是，出色的外貌会让你更受欢迎。也许你认为，要保持出色的外貌就一定要花费很多钱，因为出色的外貌少不了日常的保养，少不了漂亮衣服和配饰搭配。其实，要保养身材和脸蛋，最有效的保养就是保持良好的饮食、运动和作息习惯，这些带来的效果都是那些昂贵的化妆品不能比的。至于穿衣搭配，比起昂贵的大牌服装，会搭配、懂得依据不同场合着装，让别人看得舒服，自己也穿得舒适，才是真正的精髓。

事实上，我们在提升内在的同时，对外在的追求往往不只体现在自身的形象上，还有对外在物质的追求。比如一套大房子、一辆新车、一纸更高的学历、一份更高薪的工作等。

然而，很多人在追求外在物质的时候容易迷失自己，常常努力了大半生才突然发现，自己一直追求的事物对自己来说，根本没有意义。这都是因为他们一味地追求外在，反而忽略了外在与内在的联结。

想要建立起外在与内在的联结很简单，找到自己追求外在背后的意图和目的即可。只要将外在的需求罗列出来，你就会发现，其实自己追求这些东西，目的无非希望自己的内在能够得到愉悦的体验。

想要变得漂亮，是希望通过别人的目光感到自信；想换一套大房子，是想给自己和家人一个更好的居住环境；想拥有一辆新车，是因为你希望出门的时候不再需要挤公交和地铁；想要拿到更高的学历，是为了让自己看起来更有价值；想要升职加薪，是为了让自己在职场上变得无可取代，在工作上更有发言权。

如果这些意图和目的确实能让你感到内在的幸福与快乐，那么你所追求的外在，就正是你想成为的内在，坚持做下去，并且尽全力做到最好就是了。

其实无关单身还是结婚，人人生来就注定要前进的。在前进的道路上，不断提升内在，武装自己的心智和头脑，你的前进之路才会走得没那么困难。而外在的点缀，不管是外貌形象还是外在的名和利，是为

了让你知道，自己一路或单身或和伴侣相携走来，并
非一事无成。

　　真正内心强大的人，不会因为与别人不同而恐惧，
他们会持续打破成长的障碍，打破成长过程中遇到的
偏见，不断地用内在武装自己，用外在点缀自己，最
终实现自我精进和富足的人生。

" 没 男 朋 友 ，

但 是 我 一 点 都 不 慌 "

有位姐妹告诉我："单身一时爽，一直单身一直爽。原来单身会上瘾是真的。"

她给我的理由是，一个人生活，可以随时取悦自己，无须顾及另一半的感受，除去工作和社交的时间，剩下的时间全是自己的。不想出门，可以整天宅在家里，逗逗猫、浇浇花、整理房间，给自己捣饬一顿仪式感满满的烛光晚餐，心情喜悦而宁静。想出去的时候，也随时可以出门，想去哪里就去哪里，想在哪儿待多久就待多久，身心自由的感觉真好。

每当被人问起："身边的朋友都已经有男朋友或者结婚了，就你还单着，你不着急吗？"姐妹的回答总是简单而笃定："不着急，亲爱的，我，30+，没男朋友，但是我一点也不慌。"我相信这是她真心的回答，也相信这是很多单身女青年的答案。

虽然人们现在的思想越来越开放，但是社会的整体舆论对单身人士还是不甚友好的，尤其是对大龄单身女青年。在大多数人眼里，单身就意味着没人喜欢你、没人想和你在一起；但在活得通透、自在、独立的单身女孩眼里，单身意味着你很有魅力，你可以从容不迫地专注于自己的内心世界，自由地挑选自己想要的生活方式，或者未来你想要与之一起生活的人。

说起来，这位姐妹自从和前男友分手后，已经单身4年多了。刚刚分手的时候，她还很不适应失去男友陪伴和呵护的生活，天天给我打电话，期期艾艾地倾诉，活脱脱一个小怨妇。

好在时间是治愈一切的良药。被动单身了一段时间后，她向我宣布，自己单身上瘾了。她扔掉了所有与前男友有关的东西，不是怕自己睹物思人，而是真的觉得那个人已经与自己毫无瓜葛了。现在的她，有了更多的时间和精力专注在自己的事情上，工作变得顺风顺水，穿衣品位也有所提高，还爱上了插画和烘焙，变得又忙又美又自信。面对父母的催婚，她也不像之前那样跟父母对着干了。她用自己的实际行动告诉父母，凭借一己之力，她也可以活得很精彩。她珍惜现在自由自在的单身生活，同时依然相信爱情，相信人群中一定有一个对她来说"刚刚好"的人。当然，我这位姐妹未来也不会排斥结婚，因为她已经拥有了单身的能力了。

前段时间，我看了日本国民电视台 NHK 推出的一部短纪录片，《7 位一起生活的单身女人》。纪录片的主角是 7 位单身女性，年龄都在 71 岁到 83 岁之间，其中 6 人终生未婚，1 人离异。7 位女性年轻时都有独立的事业，有属于自己的财产，可谓优秀的单身贵族。她们组团养老，不是为了找人照顾自己，也不是抱团等死，而是为了活得有质量、有尊严。她们的团名为"个个 seven"，意思是，即使邻近居住、组团生活，也要保持自身的独立性，既互相照顾，也独立生活。

12 年前，她们分别购买了同一幢公寓的 7 个单间，正式组成养老姐妹团，开启了美妙的同居养老生活。春天樱花季，她们会一起去旅行赏樱；节假日，她们一起爬到山顶看美丽的烟花；在公寓的公共空间，她们一起喝下午茶，畅谈人生；当有人不在家的时候，她们还会互相帮忙上门浇花。养老姐妹团用她们真实的生活告诉外界，就算一直单身，也可以过得很幸福。那种幸福是一种不为别人所左右的幸福，是完全属于自己的幸福。

因为没有遇到一个让自己甘愿放弃单身的自由快乐的人，所以宁愿单身也不愿意将就着找个人恋爱、结婚。爱上别人之前，先爱上自己。爱上自己才是众生浪漫的开始，才是最美的生活状态。

其实，不只是单身的时候，就算在恋爱或婚姻关系里，我们也要保持那种获得不为"别人所左右的幸福"的能力，这也是单身力的一个重要方面。

那些总在失恋或离婚后感到迷惘和无助的人，大都有这三个特点。首先，恋爱或结婚后，天天围着对方转，把自己曾经的爱好或者事业抛到九霄云外。有的人甚至会一心为爱而放弃事业，完全依赖伴侣生活；其次，因为和伴侣朝夕相处，所以他们和朋友见面的机会少了，即便出去，也是见两个人共同的好友，仿佛生活里只有伴侣；再次，因为没有独处的时间，他们那种"不为别人所左右"的幸福似乎消失了。

单身也好，恋爱、结婚也好，幸福都要靠自己成全。如果你没有爱自己的意识，没有让自己获得"不为别人所左右的幸福"的能力，一味沉浸在看似风平浪静的生活中，在爱情或婚姻里迷失自我，那么即使有男朋友、有伴侣又如何？

　　有人说，人有两次生命，第一次是活给别人，第二次是活给自己。如果你能明白，我希望你自始至终都是活给自己。我们终究都是一个个独立的个体，将自己照顾好、让自己快乐，这是一个成年人生活的基本。它不能保证你的爱情从一而终，却能让你活得更好、更高级。

　　虽然单身的生活很爽，但也不要因此放大对恋爱或婚姻的恐惧。请相信，倘若你拥有爱自己的能力，那么单身时，你是又忙又美又独立的公主，在爱情或婚姻里，你就是又忙又美又独立的女王。

　　现在没有男朋友，不代表你不美，不代表你不够优秀，只要你忠于内心，拥有让自己快乐和幸福的能力，你就是胜利之王。

真 正 的 强 者，

往 往 具 有 大 格 局

最近闺密频繁约我吃饭，以我对她的了解，她应该是遇到了什么事情。喝了一顿酒之后，闺蜜终于跟我说了缘由，原来，她和交往了 4 年、已经谈婚论嫁的男友分手了。闺蜜虽然也没想挽回，但是，她还是经常沉浸在过去的感情里无法自拔，爱不能，不爱又放不下。

其实单身并不可怕，可怕的是缺少走出感情阴影的大格局。有大格局的人，即使在失去一段感情时难免失落，也不会让自己困在一时的感情得失里。他们敢于忍痛割爱，让自己从失恋中逆袭。日后即使没有收获一份新的感情，也能收获一个更好的自己。当你变得更好了，爱你的人自然会来。当你活得精彩又潇洒，爱情就只能算是锦上添花了。

都说真正的强者往往具有大格局。词典对"格局"的解释是"事物的认知范围"，对于我们大多数的普通人来说，所谓的"大格局"，并不是"指点江山，激扬文字"，而是指对事物的认知范围既有横向的宽广，也有纵向的深邃。所以，格局大的人更能看到事情的全貌，在遇到问题时，不会被眼前的得失绑住手脚，更能从长远的角度考虑问题。

在职场上，我们经常会遇到这样的老油条：每天死盯着自己的收入和本职工作量，对职责之外的工作或者超出的工作量，一律拒之门外。而且平常还喜欢时不时地开小差，工作能拖就拖，能偷懒就绝不努力完成，堪称职场摸鱼艺术家。他们的口头禅是"都这么大年纪了，也没有什么技能，就凑合吧"。即便如此，在工作之余，他们还总是抱怨工作强度大，抱怨客户太难对付，抱怨老板给的薪酬低，时不时地用"努力无用论"嘲笑努力工作的新同事。殊不知，自己已经被悄悄列入裁员名单了。

在职场老油条眼里，新来的同事努力工作，经常主动去做别人不愿做、不想做的事情，简直是又蠢又傻。他们不明白的是，正是通过做别人不愿做、不想做的工作，新同事在短时间内充分了解了公司的整套工作流程，从若干个具体事务中总结出了规律，建立了自己的工作体系和方法，并且在工作过程中突出了自己。

我曾经在微博后台收到过一封私信，来信者是一个应届毕业生，本科读的是"双非"学校。他说看到几个同学毕业去了北上广那样的大城市，找到了自己理想的工作，每天接触的是最前沿的信息和最潮流的新鲜事物，自己心里很羡慕，他也想去大城市，但是他没有条件。

我在私信里鼓励他勇敢地去大城市尝试一下，他回复说自己只是想想而已，真的去了大城市，他害怕自己适应不了环境，受不了拥挤的公交、地铁，跟不上大城市的工作节奏……

其实，年轻人是有时间去尝试新生活的。既然有了想法，不去付诸行动，怎么就知道自己不行？只是想想而已，迟迟不付诸行动，若干年以后，你依旧会在小地方向往北上广的生活。

当然，在小地方生活没什么不好，不好的是，你明明有在小地方生活得很好的优势，却因为去不了北上广而过得不开心。去不去北上广，捆住你手脚的不是家人，不是朋友，不是事业，而是你自己，是你狭隘的思维模式，是你打不破的小格局。

一个人的格局大小，不在于经历过的事情有多大，主要在于我们是否有超越常规的认知高度，是否有独立解决问题的自信，以及是否有高效的执行力。

同样主持一个项目，格局大的人会觉得自己在把握大客户，顺便学习工作流程，为升职加薪打基础。格局小的人却觉得自己只是在跟客户对接工作。其结果是，格局大的人能超额高效地执行完项目，得到升职加薪的机会，而格局小的人还在为一个难搞的客户纠结半天。

　　同样是规划未来，有人关注的是自己有多想从事这份工作，而有人盘算的却是这份工作有多容易得到。其结果往往是，出于渴望而去应聘工作的人，更愿意承担许多重要的项目，获得升职加薪的机会；而把"容易拿到 offer（录取通知）"当作第一理由去找工作的人，大多都在每天重复着同样的工作内容。

　　修炼出人生的大格局，没有什么捷径可言，我们的格局来自我们做出的每一个决定，来自我们的每一次行动。如果你想让自己的格局变大，至少要把握住以下四点。

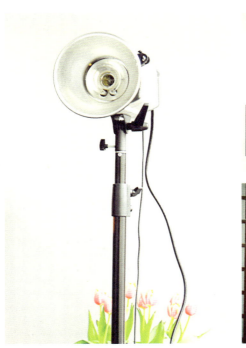

其实，年轻人是有时间去尝试新生活的。

1. 远离没有格局的人。

刘慈欣的三体中曾提到过"降维打击"的概念，在宇宙中，遭遇降维打击的一方不仅毫无还手之力，无法预测打击什么时候到来、会以什么形式进行，甚至当打击真正到来之时，他们无法立即理解这种打击意味着什么。从某种意义上讲，格局大的人对格局小的人，就是一种降维打击。

没有格局的人往往因为太计较眼前的得失而缺乏上进心，稍微遇到点困难就打退堂鼓。其次，他们还爱抱怨公司或社会的不公。跟没有格局的人在一起，只会让自己变得负能量满满，无益于自己的进步和提升。

2. 跳出问题情境，跳出原有的思维框架。

"不识庐山真面目，只缘身在此山中。"有时候我们在遇到问题或挑战时，会感到无论怎么努力，依然找不到问题的突破口。这时，试着让自己跳出问题的情境，跳出自己的思维框架，从旁观者的角度，冷静客观地看问题。通过这种方式，我们可以反观内省，检查自己，拓宽人生的境界。在格局变大的同时，还能超越自我，让自己不断成长。

　　你可以在心里模拟情境，假设面对问题的不是你，而是你的朋友。如果还是跳脱不出自我局限的话，那就拿出纸笔，把问题写下来，想象如果遇到问题的是别人，你会如何看待问题，你会如何劝说他。

3. 不断阅读和学习，提升自己的认知水平。

　　我们思想的高度和行为的力度，取决于我们的认知程度。心理学家研究发现，当一个医生面对自己不了解的病症时，会非常彷徨，不敢轻易下定论；相反，如果是他认知范围内的病症，不管病人如何质疑，甚至是挣扎抗拒，他都会坚定且高效地执行自己的治疗方案。

　　要提升自己的认知水平，最有效的途径就是不断地阅读和学习。你看的书越多，你的认知水平就会越高。因为你的知识存量越多，你能理解的新知识也就越多，理解的速度也会越快，这就是我们看书会越看越快的原因。

4. 学会把握事物的本质，直击事物的核心。

每一件事物都有它自己的关键内核，当你想去观察、分析、评价一件事物的时候，把内核挖出来，直击内核，方能实现顿悟与自我精进。

比如，亲情、爱情、友情等感情可以用来填补自我精神力，所以，你的精神越空白，你就越需要感情来填补空虚。反过来讲，当你的内心足够丰满、灵魂足够有趣时，是无须再向外去寻求感情的。

明白了感情的内核，我想你就不会因为单身而焦虑不安了。如果你目前还是单身，不如先填补自己的精神空白，把爱情变成锦上添花的元素。没有爱情时，不焦虑、不自卑；有了爱情，亦能保持自我的独立。

如果你很努力，却依然过得很累、很苦，那可能是你的思维模式没有被打开，格局太局限。与其抱怨命运不公平，不如积极行动起来，改变自己固有的价值观，不惧失败地向前走。

人生这场修行，就是不断让格局变大的过程。真正的强者，懂得时刻向内探索自己、认识自己，敢于改变自己、突破自己。打破了条条框框你便会发现，其实人生处处是出口。

Single But Beautiful

03

拥有单身力，
既赢得婚姻，
又保全自己

婚姻最美好的样子是，
保留最初的爱，
既相互陪伴着，
又相互独立着。
哪怕他能陪伴你一生，
也要保持独立的自我，
保持独处的能力。

哪怕他能陪伴你一生，
你也要保持独处的能力

人生得一兴趣相投、性格相合的伴侣，是件很幸运的事，也是我们理想中爱情的样子——择一人，爱一生，至此终老，白首不弃。

可惜，大多数人经历的现实是，爱情是不确定的，没有人能陪伴我们一生。爱情的不确定性，来自另一半的自愿离开和非自愿离开。在婚姻中，两个人的爱情被时光冲淡，双方又步调不一致，其中一方就很可能会自愿离开，去追寻自己想要的生活。即使双方都愿意陪伴彼此一生，也阻挡不住命运中的意外，不管你是否接受，总会先有一个人离开这个世界，非自愿地离开。

婚姻最美好的样子是，保留最初的爱，既相互陪伴着，又相互独立着。哪怕他能陪伴你一生，也要保持独立的自我，保持独处的能力。

几年前，我去景德镇出差，采访一对年轻的陶艺夫妇。二人毕业于同一所大学，在大学期间，因为都喜欢陶艺而相识、相爱。毕业后他们就结了婚，并选择到景德镇，以做陶为生。

起初，两人的陶艺事业发展得并不顺利，但好在两人生活恬淡、怡然自足，平时喜欢创造一些不需要太多成本的小创意，也算是把别人眼中生存堪忧的日子过成了诗。

　　因为对陶艺的热爱和独有的高级审美，夫妇俩做的陶器别具一格，渐渐地，两人在当地的陶艺圈开始有了名气。大家喜欢他们作品中的质朴清透，渐渐开始有人邀请他们的作品参展、询问陶器的价格……后来，小两口成立了自己的独立陶艺工作室，他们的生活变得更加充实，生活水平也提高了。

　　然而，现实比电视剧还要狗血。一向年轻健康的丈夫，有一天在做陶的时候，突然晕倒了，被送去医院急诊，之后就再没能出院，四个月之后就走了。

　　一切来得太突然，谁也没有心理准备。年轻的丈夫走了，只留下一堆未完成的陶器作品。妻子因为太过悲痛，整日以泪洗面，日渐消瘦。未完成的陶器作品在角落里落了灰，工作室的门也许久未开了。她到现在都无法相信丈夫会那么快地离开，更无法接受没有丈夫陪伴的日子，觉得自己从此再也无法做陶了。

虽然她知道，在天堂的丈夫一定希望她把两人未竟的事业好好经营下去，但是她真的无力去做。甚至有时候，她都无法一个人在家里待着，只能到街上漫无目的地游走，因为她早已习惯了抬头便对上丈夫关切的目光，早已把丈夫无微不至的呵护当成了天长地久的事情，早已把爱情和丈夫看成自己的全世界。

数日的悲痛之后，妻子开始反思自己，是不是太依赖丈夫、太以他为中心了，反而丢掉了自我。过去的她，总是陪着丈夫去做他喜欢的事情，却忘记了花时间陪陪自己。仔细想一想，她已经许久没有独自创造美好时光的体验了。于是，她开始一点一点找回独处的感觉。

单纯地做一道自己喜欢吃的菜，只为自己而做，只因为自己想做、想吃，而不是为了任何其他人，也不是为了拍照发朋友圈。

单纯地看书、写字，屏蔽掉外界的一切声音，不带任何目的，只是和自己对话，让自己由内而外地安静下来。

自由与爱情并非是对立的，它们同等重要。

单纯地外出走走，去哪儿都可以，让自己放松下来，暂时忘记生活的一切，不为走多远，不为去见谁，只为感受大自然、感受身心的律动。

单纯地跟着音乐跳舞，觉知自己的身体，感受内心的波澜，自然随性地舞动，不为好看，也不为了博得别人的掌声。

慢慢地，她逐渐找回了独处的感觉，把分散的注意力都集中回来，专注地活在当下、享受当下，面对真实的自我，回归生命最初、最单纯的样子。虽然失去了长相厮守的伴侣，但她能感觉到，他们之间的那份爱会永远活在自己心中，带给自己独自前行的力量。

最后，她将两人之前的工作室重新装潢开张，继续两人未竟的事业，专心做陶。与此同时，已经学会享受独处的她，也并未让自己就此与外界隔离开，她的工作室会定期举办一些活动，有很多喜欢陶艺的人士前来参加，她也因此结交了很多朋友。虽然一个人有的时候难免累一些，但她的内心是丰盈的、快乐的。她发现，原来内在的平静和自我的圆满自足，可以给自己带来那么真实有力的力量。

去年，她做了一个重大的决定，把工作室放手交给了助手打理，自己背上行囊前往位于日本茨城县的笠间陶艺大学求学，那是她多年未能兑现的愿望。

相比不擅独处的人，会独处的人比较容易拥有质量更高的亲密关系，其对亲密关系的满意度也相对更高，亲密关系也会更加长久。即使他是你在这个世界上最亲密的人，也一定谨记"甲之蜜糖，乙之砒霜"的道理。每个人都拥有不同的内在世界和独特体验，每个人也都有自己的路要走，在心理上都有自己的发展任务，给对方留出舒适的空间，同时也给自己留出独处的时间和空间，这样的亲密关系才是成熟的。让彼此成为对方的发展助力，在对方需要慰藉和理解的时候给予支持，而不是成为阻碍彼此成长的枷锁。

即使处在亲密关系中，也要敢在亲密关系里孤独。刘若英的《我敢在你怀里孤独》，书名便是此意。敢在你怀里孤独，就是能够在亲密关系中保有自己。

也许刘若英并不是最会独处的人，但是她从小就习惯并享受独处，这是事实。她从小有自己的房间，安静地独处是她独特的成长方式，婚后的生活亦是如此。

保持一个人的独有空间，是婚后生活的必要条件。

刘若英在《我敢在你怀里孤独》中写道：他们两个人回家一个向左走一个向右走，彼此都在独立的书房中工作，那个时候，完全听不到对方的声音，但是知道对方就在自己身边，在婚姻里既能共处又能独处，的确是莫大的信任。

自由与爱情并非是对立的，它们同等重要。健康且成熟的亲密关系，本来就是彼此珍惜、彼此尊重，又彼此独立。

如果我们无法享受单身生活的幸福，也很难感受到婚姻生活的充实。如果我们不能在独处的时候给自己创造欢乐，那么相知相守的美好生活也会与你绝缘。

一个人的独处能力是其单身力的核心。哪怕我们身边的伴侣能够陪伴我们一生，我们同样会迎来生命中的无数个孤独时刻。只有具备了独处的能力，我们才能把孤独看成很好的自我沟通方式，享受孤独，耐得住寂寞，有能力抵御外界的各种压力，内心才能丰盈而充实。真正的安全感，只能是自己给自己的。

好 的 夫 妻 ，

都 是 “ 各 过 各 的 ”

在我所有的已婚朋友中，婚后生活过得幸福和谐的，基本上都是夫妻二人各过各的。婚姻不是爱情的坟墓，也不是扼杀自由的"刽子手"。"各过各的"，并非夫妻二人真的各行其是，而是在拥有共处生活的同时，两个人彼此理解、彼此尊重，给对方和自己留出互不干涉的自由空间。

周国平曾说："两个自由人之间的爱，拥有必要的张力，这种爱牢固，但不板结；缠绵，但不黏滞。没有缝隙的爱太可怕了，爱情在其中失去了自由呼吸的空间，迟早要窒息。"

在一次下午茶时间，我和一位已经结婚20年的姐姐谈到了这个话题，姐姐一脸幸福地表示，她的婚姻生活就是如此。姐姐从事金融行业，她的丈夫也有自己的事业，他们都有各自的工作追求，互不干涉，却又是彼此的坚强后盾。

两个人的性格、思想也不同，姐姐性格外向，好与人打交道，喜欢热闹；丈夫虽有很多生意上的伙伴，但是性格偏内向，喜欢每天找个时间独自抽会儿烟，静静地思考一下。姐姐欣赏自己丈夫的内敛、稳重，丈夫欣赏姐姐的大方、豪爽。也因为这样，姐姐在装修房子时，特意空出了一个房间给丈夫，供他独处使用。姐姐也有一个自己喜欢的欧式会客厅，专门用来招待来家里的朋友，而且两个房间离得够远，绝对不会互相影响。

有空的时候，他们也会像年轻人一样，手挽手出去吃饭、看电影，彼此没话说的时候就各自沉默，安静地享受那一份宁静，也不失为一种浪漫的陪伴。

两个人的朋友圈子不同，所以一般在节假日时也不会黏在一起，而是各自会各自的朋友。当然，需要夫妻双方共同出现的场合，他们也从不含糊。姐姐需要携丈夫出场的场合，丈夫一定铆足劲儿表现，给足姐姐面子。丈夫需要带姐姐出场的场合，姐姐也一定悉心打扮，替丈夫招呼好各方朋友，让丈夫感受到她的支持。

因为工作关系，两个人的作息时间不同，但是能早晚互补。丈夫需要凌晨四五点起床，起来后会把早餐准备好，让姐姐每天一起床都可以吃到热乎乎的早餐，同时还会替姐姐给家里所有的植物浇好水。姐姐晚上下班比丈夫早，回到家便会打扫房间、洗衣服、为第二天要早起的丈夫熨烫好衣服。

人前人后，他们都是令人艳羡的一对。不仅默契十足，而且彼此尊重，平时谁也不勉强谁，不会要求对方为自己改变什么，更不会为了迎合和满足对方而改变自己。我还是我，你还是你，在生活上公开透明，会让两个人都更加自在。

诚然，婚姻生活不会永远保持和谐美好的状态，偶尔也会有矛盾冲突。但是，日常里的"各过各的"能帮助你感知到自己和对方的需要，懂得反思和调整自己的状态，及时协调影响婚姻的各种因素，同时也会偶尔制造一些小惊喜。如此，婚姻生活才能保持鲜活感，让你每一天都重新爱上对方，同时也好好爱自己。

夫妻之间要想相处得幸福和谐，就要彼此经济独立、精神独立、生活独立、思想独立。最为重要的是，要保持独立的人格，就要给彼此留出合适的距离和空间，这样才能既经营好亲密关系，又能不失去自我。大体上，拥有健康幸福的婚姻关系的夫妻，都有以下几个共同点。

1. 彼此尊重，互相适应，
从来不要求对方为自己而改变。

著名家庭治疗大师萨提亚说，人因相同而吸引，因相异而成长。夫妻之间存在差异是很正常的事情，唯有不同，才能有共同成长的机会。

《奇葩说》有一期的辩题就是"伴侣一心想当咸鱼，我该不该鞭策"，说白了就是，伴侣安于现状，我该不该把伴侣改造成我希望的样子。那一期，傅首尔的辩论很令人动容，她站的是反方——不该鞭策。在她的婚姻生活中，她曾经一次次地鼓励丈夫老刘为自己改变，老刘也确实做出过很多努力，他卖过榴梿、卖过保险，甚至被人骗过钱，最后有没有成功不知道，但是我们知道的是，他过得并不快乐。

在婚姻关系中，总有人以"我是为你好"为由，企图把伴侣改造成自己希望的样子。改造成功了，伴侣会因为压抑了自我而不开心；改造失败了，你会对伴侣一次次地失望，伴侣也会觉得你太强势了，导致你们之间矛盾重重，对彼此都造成伤害，更拉低了婚姻的质量。

2. 保持人格独立，
而人格独立的基础是经济独立。

　　永远别相信"你负责赚钱养家，我负责貌美如花"这种话，经济基础决定上层建筑，女人要是连最基本的经济独立都做不到，也就无法做到人格独立和精神独立。

　　如果你已经经济独立，那么请进一步保持人格独立和精神独立。每做一个决定都要对自己负责，自己创造安全感和幸福感。

　　《欢乐颂》里的樊胜美，一直把"嫁个有钱人"当成摆脱原生家庭困局的钥匙，将自己的未来完全寄托在别人身上，时不时地鼓励男友买房、创业、多赚钱。殊不知，一旦男友离开，她的未来规划便成了一场空。《安家》中的房似锦一角，她的原生家庭比樊胜美更惨，但她深知自己的命运要靠自己把握。为了工作，她无所不能、敢做敢拼，丝毫没有依靠别人的念头，虽然一直背负着能掏空自己的无底洞家庭，但是她仍然活得踏实、独立。

3. 夫妻双方要对婚姻有正确的认知，
   保持充分独立和自由的同时，
   认真完成好自己在婚姻中的角色。

在婚姻关系中，独立和自由很重要。但是婚姻关系毕竟是两个人的亲密关系，健康、良性的婚姻关系是一种互助关系，需要两个人共同经营。彼此都对婚姻有正确的认知，才能明确自己在婚姻中扮演的角色。

在保持充分独立和自由的同时，认真把握好自己在婚姻中的角色，承担起自己应该承担的责任，共同面对生活的琐碎与无常，把每一个平凡的日子过得热气腾腾，让婚姻关系里的各种美好环环相扣。

好的婚姻生活大多是各过各的，如胶似漆的关系反而令人窒息。因为"各过各的"，意味着夫妻彼此都有独立的精神和人格，他们有平等、信任的夫妻关系，会留给彼此完成自我的机会和空间。

　　幸福的婚姻从来不是永远腻在一起，而是回归爱情原本的样子，给这份感情以足够的信任与自由，给予彼此最大限度地尊重与欣赏，然后相互陪伴着、包容着，走过这一生。经年以后，你会发现，幸福本就是这么简单。

独 立 思 考 的 能 力

2019 年，有一位女大学生被男友长期精神控制，最终服药自杀，结束了年轻的生命。虽然她的男友并没有专门去学习 PUA 教程（Pick-up Artist，对异性诱骗洗脑），但是他确是通过不断打压、侮辱对方，来达到情感控制目的的典型渣男。

一时间，全国人民对 PUA 深恶痛绝，各种反 PUA 教程层出不穷。我也稍微研究了一下所谓的 PUA。我发现，PUA 针对的目标人群多是涉世未深、缺乏与异性交往经验、内心自卑、依赖性强的女性，换言之，就是没有独立性的女性，尤其是缺乏独立思考能力的女性。因为一个人如果没有独立思考的能力，就很容易被这类人洗脑，陷入万劫不复的地狱。拥有独立思考的能力，便是最好的反 PUA 武器。

然而在现实生活中，有些男性就是自带 PUA 属性，尽管他们可能连 PUA 是什么都不知道。遇到这样的男人，如果没有独立思考的能力，那就只能乖乖地被他操控，活在悲剧的婚姻里了。

比如婚后有些男人会告诉女人，你别出去工作了，专心在家带孩子，我养你。女人就真的把工作辞掉，当起了全职妈妈，在家专心带娃。男人又说，你不要跟谁谁谁交往了，她对你影响不好，女人就真的跟聊得来的朋友断绝了来往。长此以往，你会变得经济不独立、没有自己的兴趣爱好、没有社会交往，什么都要依靠男人。

你每天生活的圈子太狭隘，只有男人和孩子，对一些事物的认知就会变得不够坚定和清晰，尤其在被男人打压或挑剔指责的时候，会更加无法维持内心的坚定和自信，很容易丧失自己的底线。这就是为什么有时候男人出轨了，女人明明知道，却还是选择睁一只眼闭一只眼的原因。

缺乏独立思考的能力不仅会让你失去自我，还会让你变得过度敏感。对方稍显冷淡了，就开始疑神疑鬼，查手机、查岗、查银行交易记录等等轮番上演，消耗自己的心力，也耗费着另一半的耐心。

我有一位交流多年的笔友佳琪，虽然不知佳琪是否为她的真实姓名，但通过多年来交往，我能知道佳琪是一个有想法、有才华、热爱生活的姑娘。

　　2019 年我收到了佳琪的婚讯，还收到了她从远方寄来的喜糖。婚后的佳琪似乎更忙了，我们之间的交流也变少了。我无意打扰她的生活，便顺其自然，只是来信必回。一天夜里，我在确认工作邮件时，突然看到佳琪的来信。她说，她突然开始怀疑自己的婚姻是否太草率了，因为她发现自己的丈夫在某些方面很强势，还怀疑自己是不是被 PUA 了。

　　佳琪坦言，丈夫在婚前每天对她都是各种甜言蜜语、亲亲抱抱举高高的状态，结果婚后就变成了高冷的大忙人，微信总是不及时回复，隔一段时间又主动关怀送温暖，这不就是"忽冷忽热术"吗？

　　婚后两个人在一起生活，佳琪不擅长做饭，也不太会做家务，所以丈夫承包了大部分家务活，包括做饭，佳琪看在眼里，也开始主动学着做家务。佳琪本以为丈夫会为她的进步而高兴，没想到丈夫不仅看不到佳琪的努力，反而在佳琪做家务的时候各种挑毛病，从来不会说一句肯定或鼓励的话。这难道不是"持续打压术"吗？夸你一分，贬低三分。佳琪还自嘲似的吐槽说，自己的丈夫连那一分夸都没有。

其实，佳琪所说的问题并没有她想得那么严重，很多情侣变成夫妻后都会遇到这样的问题。我提醒佳琪，先不要忙着给自己的丈夫定性，先冷静下来，花时间静静地思考一下，毕竟真爱和情感操控给人的感觉是不一样的。

　　佳琪渐渐冷静下来之后，又重新审视了一下自己所说的问题。首先，虽然丈夫不会秒回微信，但是他只要看到都会第一时间回复，还会直接打电话给自己，生怕自己遇到什么事情。对于这个问题，佳琪可以通过调整自己的心态来解决，给自己找点事情做，不要老是盯着丈夫；其次，丈夫爱挑剔的毛病似乎是原生家庭带来的行为模式。佳琪在跟公婆相处的时候发现，公婆就是那种"即使别人做得很好，也会鸡蛋里挑骨头"的人。看不到别人的优点，一味地盯着别人的缺点，这本身就是问题，佳琪需要想办法帮助丈夫慢慢改变。

　　虽然不晓得佳琪用了什么样的方法，反正结果是好的。佳琪的丈夫知道自己老是挑毛病会打击她的自信心，开始慢慢地改变自己，改用鼓励的方式告诉佳琪怎么做才比较好。不仅如此，丈夫还给自己的爸妈，

童话固然美好，但有独立思考
能力的人都不会信以为真，更
不会做一个等着王子来拯救的
灰姑娘，因为她们是能够自己
改写命运的强者。

也就是佳琪的公婆也做了工作，让他们也试着慢慢改变。佳琪看在眼里，喜在心里。

素黑曾说，真正幸福的女人，必须具备以下大部分条件：情绪稳定，拥有独立思考的能力、充实的精神世界，经济独立不依靠别人，觉知并适当地管理自己的欲望。从被爸妈宠爱呵护的小女孩，到被恋人关心爱护的大女孩，再到跟另一半肩并肩战斗的已婚妇女，女性理应练就独立思考的本领。

但是，如果你真的容易迷失自我、容易受别人的影响，暂时还不具备独立思考的能力的话，也不要轻视自己，你可以从以下几个方面着手，培养起自己的独立思考能力。

1. 进行有思考的阅读。

比起看手机，阅读书籍更能增长你的智慧。进行有思考的阅读，能提高你的逻辑能力和深度思考能力，在遇到问题时，有自己的想法，保持客观理智，才不会被别人牵着鼻子走。

　　而且，阅读水平提高了，语言表达能力也会随之提高。掌握了说话的艺术，在与伴侣交流时，用伴侣能接受的表达方式，准确表达自己的诉求，其效果一句顶一万句。

2. 有自己的兴趣爱好，让自己没有太多时间 和精力去过度敏感。

　　我们在无所事事的时候最容易浮想联翩，思考一些乱七八糟的事情。经验证明，想得太多在大多情况下只会有弊无利，徒增烦恼而已。如果你有很多的空闲时间，除了与伴侣共处外，也一定要拿出一部分时间留给自己的兴趣爱好。

　　即使你的兴趣爱好在别人眼里微不足道，只要你自己能从中获取快乐和智慧就好。在追求自己的爱好的同时，你还有机会结识一些有共同兴趣爱好的朋友。记住，能带你去往广阔世界的，不是你的伴侣，而是你自己以及只属于你自己的兴趣爱好。

3. 不断提升自己，将未来把握在自己手中。

时刻提醒自己，不要因为有伴侣的照顾，就可以一直在舒适圈里舒服地待着。夫妻之间的琴瑟和鸣，离不开两个人的共同进步。就算未来婚姻真的出现问题，你也不必依附于谁，完全有能力独立生活。相信我，这样的自己，才是你能拥有的最能抵抗未知风险的保值产品。

童话固然美好，但有独立思考能力的人都不会信以为真，更不会做一个等着王子来拯救的灰姑娘，因为她们是能够自己改写命运的强者。

偶像剧虽然看起来甜蜜，但你要清晰地知道，那都是幻想，不要以为自己只需要做个傻白甜，男神就会主动爱上你。事实上，经济条件越好、事业越精进的男性，越希望自己的伴侣是与自己三观相近的独立女性。

　　其实，不只是女性，我们每个人都需要独立思考的能力。通过独立思考，我们才能知道自己想要什么，知道自己要做什么样的人、要做怎样的选择、过什么样的生活。这才是最重要的。

保 持 健 美 的 体 格

　　几年前，我曾经在照片墙（Instagram）上看到过一个英国胖女孩克莱儿成功减肥的励志故事。31 岁的克莱儿是一位助产士。因为平时工作较忙，克莱儿没有注意保持健康的生活习惯，爱吃高热量的食物，又不喜欢运动，导致身材一度发胖，最胖的时候甚至有 90 公斤。

　　克莱儿因为身材而被医院的一位病患嘲讽，于是坚定了减肥的决心，她甚至发誓，如果不能成功减肥，就不跟自己的男朋友结婚。

　　减肥期间，男朋友也曾向克莱儿求婚，真的被她拒绝了，她说："如果一份爱情，不是在我最好的时刻来到，那么这份爱，我宁愿不要！"于是男朋友就陪着克莱儿一起健身减肥。

　　10 个月后，克莱儿整整减了 38 公斤。瘦下来的克莱儿还晒出了自己与男朋友的合影，克莱儿精神焕发，与之前判若两人，她的马甲线和男友的人鱼线简直就是绝配！

　　提到这个故事并不是想说身体不健康或者肥胖的人

不配结婚或拥有爱情，而是，拥有健美的体格，会让我们更自信，有更多的精力和体力去经营爱情或婚姻，爱情或婚姻也会变得更美好。哪怕一段爱情或婚姻告一段落，健美的体格和美好的身材也能让你活得大气又精致，自信又独立。总之，无论单身、恋爱还是已婚，保持健美的体格就是你的核心魅力。

有趣的灵魂让我们互相吸引走到一起，健美的体格则会增加亲密关系的幸福感。健美的体格等于健康的身心加上好看、匀称的身材。健康的身心是金钱买不来的无价之宝，而好看、匀称的身材则是我们抵御无情岁月的华丽战衣。

我一向不爱运动，家附近的商场新开了一家健身房，母亲便出资办了两张健身卡，督促我去锻炼身体。有一次，我和母亲正并排在跑步机上挥汗如雨，而我们的旁边，一位看上去 30 岁左右的女人却跑得气定神闲，与我们这般气喘吁吁的窘态相比，简直就是一个王者完胜两个青铜。

过了一会儿，女人降低了步速，慢慢地停下来。这时，突然出现一对小兄妹，一边叫着"妈妈"，一边小跑着过来给她送水送毛巾，简直就像两个小粉丝。我们这才知道，原来她已经是两个孩子的妈妈了，她锻炼的时候，哥哥就带着妹妹在不远处玩耍。然而她的肚子上一点妊娠纹也没有，完全不像已经生了两个孩子的人。只见她的小腹紧实，练得一身漂亮的马甲线，皮肤状态也很好，白里透红、细腻白皙，丝毫没有皱纹或雀斑，简直就是传说中的少女颜。

母亲小声跟我嘀咕，说现在的全职妈妈真幸福，还有时间和精力来健身。事实上，这个女人并不是全职妈妈，我和她在洗手间擦肩而过的时候，她正在用手机跟同事认真地沟通工作进度、项目内容等。

相信结过婚、养过娃的人都清楚，一个人带两个孩子有多难、多累！而且她不仅要带好娃，要做好家务，还要处理工作，同时还要留出时间给自己，以保持健美的体格。

网易新闻曾做过一项调查，结果表明，超过七成的女人，在生完孩子之后身材都会走样，而且其中相当一部分人身材走样得很严重。这些人给出的最常见的理由是带娃太累了，家里人又帮不上忙，没有多余的时间和精力去健身。每个人的能量和精力固然有限，妈妈确实也不是超人，这种情况下，如何做好时间管理和精力管理，如何保持健美的体格，更考验和锻炼一个人的修养和自制力。

可能有人会说，说这话的肯定是个没结过婚、没生过娃的人。虽然没有亲身经历过，但是我身边有很多妈妈在带娃的同时，也能做好体格管理。

我有个朋友，在生娃之后身材也严重走样，但是她每天晚上哄娃睡着以后，还坚持自己做运动，先做 20 分钟无氧，再做 40 分钟有氧。这样做的结果是，她很快就恢复了体能，身材也恢复到了生娃之前的良好状态。当然，我的这位朋友是在健身教练的指导下进行科学运动的。

我还有很多已经当了妈妈的朋友，节假日里我们经常一起出去散步或逛街，她们有的是单手抱个娃，有的是推着童车，总之都能够带娃和享受自我两不耽误。

其实，平时把刷手机的时间拿出来做几个卷腹，你就会收获一个平坦的小腹；抱着娃的时候来几个深蹲，能控制好自己的健康和身材的人，也一定能很好地掌控自己的生活。

看娃、锻炼两不误，连杠铃都省了；做饭的时候，也可以做几个高抬腿，就算累了，躺在床上也能蹬几下"自行车"……只要把零碎的时间利用起来，练就健美的体格并非是不可能的，千万不要放任自己，成为肥胖、油腻的亚健康中年妇女。

能控制好自己的健康和身材的人，也一定能很好地掌控自己的生活。优美的身材能反映出你的修养和自制力，保持健康的生活习惯，管理好自己的体重，能体现你自律、克制的优良品质。而且，专注于自我塑造，注重自己的身体健康和身材，也能给人留下自信、舒适又清新的印象。这不仅代表了你对审美的追求，更透露出你的品位和见识。

保持健美的体格，不仅是为了让自己更美，也是为了从中获取快乐，让自己保持健康、阳光的生活状态。就算有一天我们失去了所有，只要有一副健美的体格，我们就能重新再来，做那个永远打不倒的冷艳女王。

我的一位女友，她从 18 岁开始就坚持每天跳绳半个小时。她的命运颇为坎坷，自小父母离异，30 岁丈夫出轨，离婚，离婚后自己创业，结果又被人骗走了一半的财产……但她对我们这些朋友总是报喜不报忧，这些经历过的苦辣辛酸，她都是一个人默默吞下。后来慢慢地，她意识到了自己的问题，努力克服问题，也找到了可靠的合作伙伴，一切重新开始，坚持到今天也算是功成名就了。

如今的她依然坚持每天跳绳，跳完绳后，把自己打扮得清清爽爽的，在咖啡馆里吃个早餐，外带一杯美式，新的一天便这样开始了。她告诉我，通过运动保持健康的身体和姣好的身材，是她面对生活的力量来源。

的确，每个男人都希望自己的妻子有姣好的面容和身材，每个孩子都希望自己的妈妈漂亮、知性。

但是，我们保持健美的体格，不是为了让另一半对自己青睐有加，也不是为了让另一半带出去有面子，更不是为了防止另一半见异思迁，而只是为了我们自己，为了让自己活得更高级，为了让自己有自信面对生活的好与坏，为了让自己拥有离开谁都能活得漂亮的底气。

规 律 的 生 活 ，

让 时 间 游 刃 有 余

在很多人眼里，规律的生活，就等于退休后的生活。尤其现在有很多年轻人认为，那些生活规律的人，就犹如设置好程序的机器人一般，单调无趣，生活没有任何新意，这样的人生一点也不酷。

在他们眼里，肆意的人生、折腾的生活，才叫酷。通宵玩乐，昼夜颠倒，吃饭、睡觉时间不固定，没有自制力的人生似乎来得轻而易举，只要顺从自己的欲望就可以了，根本不需要费力。然而，事情往往是开头走得有多轻松，结局就会有多累，那些放纵自己的人，等待他们的终归是一事无成和一无所获。

其实，不管是单身、恋爱还是已婚，保持规律的生活都需要自律力。如果你的自律力足够强，原本浪费的时间也都会被争取回来，你自己也就有了更多的时间，能更自由地选择生活，不管是在工作中还是生活中都游刃有余，还有比这更酷的人生吗？

自律力和时间管理能力是当代成年人的基本素质，也是规律生活的保障。一个保持规律生活的人，单身的时候能过得充实且有意义，恋爱或结婚后也能过得不慌不乱、井井有条。

我有个朋友臻臻，是个百分百的时间管理达人。我们是大学校友，同一年大学毕业，然后工作，开始一个人独立生活。用另外一位朋友的话说，独立生活后，臻臻的生活状态更像退休老人了。臻臻每天5点半起床，起床后有一个小时的阅读时间，然后花20分钟做早餐，悠闲地吃完早餐后，出门上班。上班路上，她会集中回复微信、邮箱等收到的新消息，到了公司后便开始一天的工作。下班后，回到家，她会先换上运动装备，运动40分钟到1个小时。之后洗澡，做晚餐，吃晚餐。吃完晚餐，看上30分钟的电视或者刷会儿手机，之后继续学习充电1个小时。等到睡意来袭，便把房间的灯光调暗，准备入睡。

　　其实从学生时代起，臻臻就认为有意义的生活必须是规律的。为了保持规律的生活，她放弃了很多象牙塔里的快乐，比如游戏、娱乐和恋爱。当然，她这样的自律也是有回报的，比如优秀毕业生的荣誉和CPA证书（注册会计师）。

　　工作后的每个周末和节假日，臻臻也都会仔细安排好。因为喜欢花艺，臻臻经常去给一个花艺师朋友义务帮忙。那位朋友的工作室经常会承接一些婚礼或者商演活动的花艺设计，所以经常需要凌晨四五点就开始工作，这使得一开始与她同去的几位花艺爱好者都没能坚持下来，只去了几次就放弃了。但是臻臻坚持了下来。因为她觉得，既可以学到一些插花艺术，又可以免费与美丽的花儿们待在一起，这点时间花得相当值。除去在花艺工作室帮忙的时间，臻臻也会把自己的闲暇时间分配给和朋友见面、独处和处理生活杂务等事情上。

保持规律的生活，起居有常、作息规律、不暴饮暴食，并且坚持适当的锻炼，身体就会一直处于有活力的状态，生活会产生很多的能量。我们可以用这些能量来创造更多的价值和意义，比如保持规律生活的臻臻，现在已经是一名拥有专业技术和审美水平的花艺师了。

单身生活中可以自由支配的时间很多，但是婚后就不一样了。我经常听到已婚已育的女性朋友抱怨，自从有了孩子以后，自己的生活一团乱，每天要做的事情、想做的事情那么多，总是觉得时间不够用，也不知道怎么安排时间。

臻臻婚后依然保持着 5 点半起床的习惯。起床后，她会做一些强度比较小的运动，然后给家人做早餐，吃完早餐后开车送孩子上学，自己再去工作。下午，婆婆会帮她接孩子。晚上，她和丈夫会至少留一个人照看孩子、辅导功课，然后结束一整天的工作、生活或社交。

对于臻臻来说，规律的生活帮助她认真地对待生活中的每一处细节。在生活起居的各个小细节里，养成良好的习惯，做什么事情都会很高效。当习惯成为自然，尽管每天的生活看似平淡无奇，但是那种轻松愉悦的感觉是发自内心的。关于如何过上规律的生活，时间管理达人臻臻曾经跟我分享过以下几点经验。

1. 把单个时间段的效率重视起来。

所谓的"单个时间段"，就是我们专心做一件事情所需要的时间。如果能提高单个时间段的效率，把要做的事情高效做好，减少不必要的无用功，那么一天有限的 24 个小时，就会变成 24+ 小时，这才是时间管理的开始。

要保证做事的效率，最重要的就是连贯性。如果我们正在做一件事情，中间被打断，很多做事的思路也会被打断，等回来再想继续的时候，又需要重新开始了，这就增加了时间成本。

单个时间段之所以会被打断，其实很大程度上是因为我们自己。比如，我们做事情的时候，即使手机调了静音模式，眼睛还是会不自觉地瞟到屏幕上显示的新消息，然后就会忍不住点开看看；再比如，很多妈妈在做事的时候都会忍不住想看看孩子，或者逛逛购物网站给孩子买点东西……如此一来，单个时间段被打断了，同样的事情所需的时间就会加倍，留给其他重要事情的时间自然就少了。

提高单个时间段的效率，只需要我们养成做事专注的习惯。也许一开始会有些不适应，毕竟我们的时间已经被手机、各种事情切割成碎片了，但是一旦习惯养成了，你就会找回做事的节奏，不自觉地屏蔽掉干扰因素，单个时间段的效率自然也就提高了。

2. 利用好碎片化时间。

一天的时间中，我们有很多穿插的碎片化时间，比如等车的间隙、上下班的路上、煮饭熬汤的时候、洗澡的时候等。这些时间非常细碎，稍稍发下呆、刷刷手机就过去了。但是，如果能把细碎的时间叠加起来，就能引起质的改变，创造新的优化和迭代。

碎片化的时间很适合用来复盘一天或者某一项工作，总结经验、反思错误。在碎片化的时间里想清楚一些重要的事，可以帮助我们顺利进行下一步的工作。这个方法很适合已婚已育的女性朋友，因为日常琐事会令你很难拿出专门的时间段来做思考总结。

另外也要清楚一点，碎片化的时间不一定非要做成什么事，我们也可以用来放空、休息。张弛有度的生活节奏，才能给我们带来身心愉悦的感觉。

3. 找到自己的高效时间段。

要想找到自己的高效时间段，我们就需要把自己一天的时间花费重新捋一捋。可以先从记录一周的时间开始，一点点地记录自己在工作、生活、育儿等方面的时间花费情况。这样做的目的，是要我们充分地了解自己，深刻地认识自己的能力和做事的效率。

在记录的过程中，我们找到自己的高效时间段。之后，我们就可以把重要的事情安排在高效时间段来做，以实现最优时间利用率。

关于时间管理，不管是否单身，我们都需要做出很多的选择和努力，来调整自己的步调，重新找到属于自己的人生频率。保持规律的生活，余生才能从容地走过。

不双标，
尊重对方的自由

　　虽说家家有本难念的经，但是很多夫妻关系不和睦、经常吵吵闹闹的主要原因，就是双标。表面的问题是双标，深层次的问题则是双方对彼此的信任不对等、尊重不对等。

　　婚姻中的双标其实就是不够信任和尊重对方，对方稍稍表现出冷漠、不顺从自己的要求，或者不回应自己的期待，就怀疑爱情、怀疑婚姻。同样的问题照应到自己身上，却变得百般宽容，由此导致两个人无休止地吵闹。

　　有智慧的人懂得在问题中反思自己，不断调整心态，懂得尊重对方的自由。而拎不清的人常常犯糊涂，经常被电视剧、所谓情感专家的言论影响，企图模仿电视剧里的桥段，让对方变得跟"别人家的老公""别人家的老婆"一样，不成，便争吵不休，弄得二人感情破裂。

　　今年6月份，邻居家结婚才一年多的女儿花花，第二次跟丈夫赌气回娘家了。那时我正好回父母家，碰到邻居阿姨来串门，正在跟母亲聊家常。一说起自己的女儿，阿姨就一副恨铁不成钢的样子。

花花和丈夫的财务模式是这样的：自己管理自己的工资卡，每个月双方会各上交一部分工资，存到共同账户里，而共同账户是落在花花名下的。平时，工资较高的丈夫负责房贷、水电暖和物业费用等，花花只负责自己的开销和一部分的生活支出，如果她自己的钱不够了，丈夫还会给花花转账。总之两个人的小日子过得还是很惬意的。

　　可是，自从邻居阿姨知道女儿没有管着女婿的工资卡后，就开始各种骂花花不争气。经常给花花灌输"男人有钱就变坏""不上交工资卡就是不爱你""财政大权一定要把握在女人手里"等扭曲的价值观，加上七大姑八大姨在一旁添油加醋，于是花花开始跟自己的丈夫要工资卡。

　　丈夫当然不愿意上交。一是因为，上交工资卡，意味着他失去了花钱的自由，他经常出差，住宿、吃饭、交通、应酬等都需要随时花钱，而且一个人出门在外，也需要身上有一些备用金。二是因为，在丈夫看来，花花要自己上交工资卡，就是对自己不信任，而相互信任本该是夫妻关系的基础。三是因为，他们两个人每月都有共同存款，所以并非两个人各自为政，没有储蓄。而且存款账户本就在花花名下，在某种意义上，也算是妻子管钱了。

花花却觉得委屈，明明结婚一年多了，还得用自己的工资养活自己，一点也感受不到被丈夫养着的感觉。看看周围的朋友、亲戚，都是妻子管理丈夫的工资卡，花花心里就更不平衡了，各种找碴、与丈夫吵架，吵得凶了就搬回娘家住。花花觉得，在丈夫眼里，工资卡比自己还重要，丈夫不交卡就是不爱自己，那自己也没必要爱他了。于是，威胁丈夫，再不给工资卡的话就离婚，结果闹得一发不可收拾。

曾几何时，在我的印象中，结婚前的花花可是一直宣称自己要做"不靠男人养的独立女性"的，如今她讨要工资卡的理由，竟然是没有被丈夫养着的感觉，这就是名副其实的双标人生。

不得不说，现实生活中，有很多跟花花类似的朋友，嘴上说着两个人要相互独立，要相互尊重，但也只是嘴上说说而已，实际上常常以爱的名义要求对方怎样怎样，自己却是不为所动，反而得寸进尺。

婚姻是一场双赢的合作，夫妻两人都是平等且独立的，谁也不附属于谁。

　　婚姻中双标的事情有很多，当然也不限于女性朋友，很多男性也有双标的问题。比如，有些男性朋友，在恋爱的时候对女友的观点总是一味地迎合加赞同，甚至给女友一种"不谋而合"的感觉。但是当女友变成妻子，这些男性朋友就暴露出问题了，开始对妻子各种不满意，妻子无论做什么，自己都要站在高处挑剔指责一番。妻子出门之前要搭配衣服、打扮自己，他们不仅认为没必要，更有甚者还会怀疑妻子是要去勾引别人，可他们自己出门前却要做发型，搭配衣服、鞋子、手表等等配饰。妻子想去影院看场电影、想买束花、想去书店买本书，他们认为那都是在浪费钱，到了自己这里，花钱买游戏皮肤、给喜欢的主播送礼物、买球鞋就统统不嫌浪费了。婚后，他们默认为妻子就应该赡养公婆，而身为丈夫的自己却不关心岳父岳母的生活……

　　其实说到底，这类人的内心还是缺爱并且依赖别人的，也就是伪独立。这种伪独立不仅会让我们把握不住自我，还常常会导致我们缺失对生活真相的认知能力，很容易被别人的三言两语带跑偏。

　　在亲密关系里，如果你希望对方怎么对你，那么你就怎么对他，不要双标。比如，你希望对方无条件地爱你，那么你也要包容对方的一切，包括他的缺点。真正成熟的爱是两个人在爱情里都变得更好，这种改变不是被迫的，也不是因为对方希望自己才去改变，而是在一次次的生活碰撞中主动反思自己、改善自己，不再一味地将过错推给对方。

我采访过很多对刚刚结婚的朋友，他们都表示，婚姻比恋爱复杂得多，新婚夫妇都会遇到一个问题，就是刚刚开始共同生活的时候，因为生活习惯或者观念态度的不同，会有很多摩擦和矛盾。

这时候你可能会有这样的苦恼：以前，一个人单身生活的时候，不觉得这么做不好，我一直这样过来的，也好好的，为什么结婚后就成矛盾的导火索了？也许接下来，你会为自己打圆场，觉得是对方太挑剔了，自己做得没错。

这个时候你需要再冷静思考一下，审视一下自己的内心：我做的真的对吗？即便我是对的，那我可不可以换一种方式呢？我可不可以稍微改变一下、宽容一点？

　　想要婚姻幸福，首先要戒掉的就是双标。不要一味地指责对方，却看不见自己的问题。当然，这是两个人的功课，如此才能保持平衡。如果只有一方改善自己，另一方坚持不改变，平衡一再被打破，婚姻也迟早会有崩溃的一天。

　　婚姻是一场双赢的合作，夫妻两人都是平等且独立的，谁也不附属于谁。我们需要在尊重对方的基础上，接受对方的所有优缺点，彼此互补，实现共同进步，而不是一味地放纵自己、苛求对方，更不是以爱的名义绑架对方。

最 强 大 的 力 量 ，

是 在 婚 姻 中 进 退 自 如

　　每个人在结婚的时候，都希望自己未来的婚姻会像誓言说的那样，不论健康还是疾病，不论贫穷还是富有，都陪伴在彼此的身边，直到死亡将两个人分开。然而，现实生活并不像童话那么简单，"王子和公主幸福地生活在了一起"就是 happy ending（幸福结局）。现实生活中，王子和公主有没有吵架、会不会分开、能不能真的一起走到最后，我们都无从知晓。

　　相信没有人结婚是奔着离婚去的，但我们不能因此就把婚姻当成永恒的避风港。生活太无常，我们无法预知未来的变化，也无法控制另一半永远不变心，我们唯一能控制的，只有自己。所谓的经营婚姻，就是经营自己。唯有经营好自己，让自己拥有单身力，才能不惧怕未来的任何变数，才能在婚姻中进退自如，这才是最强大的力量。

　　2020 年的一档综艺《乘风破浪的姐姐》，自播出以来收获了大批观众的关注。同时受到关注的，还有 30 位参加节目的年纪已经 30+ 的演艺圈姐姐们。有既有野心又有实力的蓝盈莹，有可盐可甜的团宠万茜，有气场十足的霸气御姐宁静……这其中，我想收获最多的非张雨绮莫属了。似乎一夜之间，人人都知道了，这个 33 岁的霸气女王张雨绮，原来是个铁憨憨，大家还给了她一个爱称叫张小雨，人称中国版千颂伊。

上一次张雨绮被全国人民关注，还是因为家暴事件和离婚事件。对大多数名人来说，离婚事件应该算是丑闻，至少是个意外事件，相信你还记得，那个"某某和某某都离婚了，我再也不相信爱情了"的句式。但是到了张雨绮这里，确是越离越圈粉。离婚，说起来简单，实际遇到了却着实是一件难以抉择的大事，很少有人能潇洒应对、全身而退。但是，张雨绮做到了，而且离婚离得理直气壮。用她自己的话说，"我选男人的眼光真的不行，但我自己行就行了"。毕竟，不是谁都拥有在婚姻中进退自如的强大力量的。

有人从文化和心理角度分析过张雨绮在婚姻中进退自如的原因。其中之一就是，张雨绮打破了女性依赖婚姻的神话。要知道，虽然当今社会经济飞速发展，但是很多人的思想观念还停留在"女人只有依靠稳定的婚姻才能拥有幸福生活"的陈旧思想里。而张雨绮的经历恰恰给了这些旧观念一记重重的耳光，也身体力行地告诉广大女性朋友，只要你不依赖婚姻，不依附于另一半，你就有在婚姻中进退自如的资本。

　　然而，现在仍有很多女性朋友，包括那些穿梭于高楼大厦的"白骨精"，她们尽管用着最前沿的科技产品，即使说着最新的流行语，但婚姻观念仍然停留在传统守旧的上一代，认为离婚是人生中的一大败事。因为她们不具备基本的理性分析能力，并且不够有担当，一旦独当一面，就会惊慌失措、缺乏主见。她们习惯了视另一半为精神依靠，甚至是终身依靠，尽管他是个渣男渣爸，也要忍耐着维持早已崩溃的婚姻。

　　成年人的底气是钱给的。对于经济不独立的女性朋友，想要潇洒地踹开渣男是很难办到的，因为她们已经被另一半养成了温室里的花朵，没有良好的经济能力去摆平生活的风浪。

　　张雨绮曾在某综艺节目中坦言，自己也是妈妈，她有一对可爱的龙凤胎，并且把孩子们保护得很好。她曾说，外界对她的差评、恶评，她自己是不在乎的，但是她不想让孩子们受影响，一定要把他们保护得很好。其实，能否在婚姻中进退自如，还有一点，就是你是否具备独立抚养孩子的能力。

　　一个人是否具备独立抚养孩子的能力，往往取决于他是否精神独立、是否有良好的经济能力。精神独立的人能在精神上富养孩子，让孩子过得更幸福、更有安全感；有良好的经济能力的人则可以照顾好孩子，不会让自己陷入困境，更不会让孩子跟着自己过物质匮乏的日子。

《乘风破浪的姐姐》中，许飞离开舞台时，曾发文记录自己视角中的姐姐们。提到张雨绮时，她配上了全篇唯一的彩色照片，并写道："在绮绮子身上有一种喜感。那是一种强烈的喜感和天真的混合物。从各方面而言，她是一个被上帝宠爱的姑娘，我强烈地感受到那些爱在保护着她。她顺从了爱的意志，实现了狂妄自大的美梦。"

上天只宠爱懂得爱自己的人。人生漫长，离婚只是一个小失误，我们不能因为一两次小失误就轻易否定自己。爱自己才是终生浪漫的开始。

在婚姻里进退自如，张雨绮做到了，你也可以。在婚姻中，保持精神独立和经济独立、拥有独立照顾好孩子的能力、懂得爱自己，你就拥有了结婚和离婚的最大主动权。

最后，愿每个女性都能拥有在婚姻里进退自如的能力。

04

一个人，
要活得像支队伍

强大的人从来不会让自己
陷入受害者心态的怪圈，
他们坚信，
"所有杀不死我的必使我变强大"。

你 的 人 格 完 整 度 ，
决 定 你 的 人 生 走 向

　　所谓"古之欲明明德于天下者，先治其国；欲治其国者，先齐其家；欲齐其家者，先修其身"，也就是说，人格是齐家、治国、平天下的基础。

　　这个道理放在今天依然很有说服力。从根本上讲，真正能决定一个人的人生走向的，不是命运，不是生长环境，不是身边有什么样的伴侣，不是其他任何的外在条件，甚至不是一时的学历和能力，而是我们是否具备完整的人格。

　　完整的人格是我们通往成功的金钥匙，它包括一切积极的性格特质，比如你做事是否足够细心、是否拥有良好的沟通能力、是否拥有强大的自制力、是否值得信任，或者，你是否拥有主动解决问题的能力等。

　　上高中时，班上有两个学霸，D 和 P，他们经常霸占班级前两名，而且二人之间的竞争很激烈，第一的位置总在他们之间摇摆不定。但是，我记得有一次私下跟班主任同行，班主任无意中提到了 D 和 P，悄悄跟我说，比起 D，P 也许会走得更远、更好。

　　事实证明，如今，虽然 D 发展得也很好，但是 P

确实比他往前跨越了一级。回想当年老师的话，我想他可能就是看出了两个人人格完整度的不同，才有如此预言。

D和P的智力水平不相上下，在高考的重压之下，两人都保持着超高的自律性，最后也取得了不分伯仲的高分成绩，高中毕业后，D进了省内最好的高校，P则进了省外的一所985院校。大学以后，没有了高考的压力和老师日日夜夜的叮嘱、约束，D逐渐开始放飞自我，甚至经常逃课，只有在期中、期末考试前才临时抱佛脚，努力复习一周，虽然学习成绩维持在三等奖学金的水平，但显然，他本可以拿到更好的成绩。而P自上大学第一天起，就给自己制订好了日后的生活规划，并严格执行。当然，在这期间，P也有放松虚度的时候，但那只是他充电的一种方式。在同学们躺在宿舍看小说、泡在网吧打游戏、唱K的时候，他总是一个人在自习室里看书学习。四年下来，P获得了优秀毕业生的称号，学习成绩年级第一，该考到的证书也一个没落下。

除了学习，D在刚开始还加入了几个感兴趣的社团，但参加了几次社团活动后就觉得没意思了，兴趣寥寥，不如躺在宿舍睡大觉。而 P 则是经过认真挑选后，选择了两个自己感兴趣，且能配合自己大学生活规划的社团。每次的社团活动都积极参加，并且积极奉献自己的点子，慢慢从社团干事做到了团长。

在校外实习方面，D 也去了比较知名的企业实习，但在实习之前，他缺少强烈的就业意识，之所以去名企实习，只是因为自己需要多赚些生活费，从而满足自己越来越高的消费欲望。而 P 经过认真做功课之后，也选择了一家名企，不同的是，他有着明确的目标，抱着毕业后要转正的想法实习。最终，D 只是在名企打了个酱油，靠着简历上漂亮的实习经历，敲开了另一家名企的大门。虽然他靠着聪明的头脑也算小有成就，但目前也仅仅止步于此；而 P 则真的转正了，一路做到了中层领导职位，后来辞职与朋友一起创业。如今，P 的公司规模正逐步扩大，已经进入 C 轮融资，他经营着自己喜欢的事业，并且收入已经翻了好几番。

一个人的人格完整度，决定了他的人生走向，也决定了他生命的厚度。

如果一个人自律性强，做事有规划，目光长远，时刻知道自己想要什么，并能做出精准的努力，那他无论做什么工作，无论去哪里发展，都一定是优秀的。当你足够优秀时，自然能配得上一个同样优秀的他／她。而一个人倘若自制力差，做事无条理、无规划，且时间管理能力差，目光短浅，外加再不够有智慧的话，那他很可能会碌碌一生，一事无成。

不仅如此，一个人的人格完整度还决定着他的生活幸福度，在一定程度上，也会左右人生的发展方向。因为只有人格完整度足够高的人，才能做到人格独立，才能不断地实现自我成长。单身的时候，一个人能活得热气腾腾，像一支队伍；有了伴侣，不依附、不黏人、不做作、不矫情，活出自己最美好的姿态。

人们常说，爱情里的两个人是互补的。我的心理咨询师朋友对此颇有非议。他认为，那种人格上互为补充的感情并非爱情，只是一个人恰巧找到了另一个人，对方可以用他喜欢的方式"爱"他而已。而一旦思想出现了偏差，矛盾、吵架便会接踵而至，闹得一地鸡毛。

所谓"情深不寿"，爱情就像手中的沙粒，越害怕

一个舒展的内在自我，意味着灵活、开阔的视角，对自己百分之一百的认知与掌控，不带任何扭曲或偏见地看待事物。

失去，我们就会攥得越紧，攥得越紧，又反而越容易失去。人格不完整的人往往缺乏独立性，遇到了用自己喜欢的方式爱自己的人，就会拼命想留住。然而更多的事实表明，你有多看重或依赖这份关系，对方就会有多想逃离。只有当我们不断完善自我，拥有完整的人格和自爱的勇气，不再总是寄希望于别人，我们才算真正地长大，真正学会了爱。

真正的爱情只会出现在两个拥有独立且完整人格的人之间，因为拥有独立且完整的人格，意味着我们不再需要一味地向外界索取，意味着我们懂得自爱，懂得幸福感和自我价值感应该来自我们自己，而不是外界的评论或别人的眼光。

然而，世界上没有十全十美的人，也没有谁一出生便具备了完美的人格，每个人身上都是优点和缺点并存的。所谓建立完整或健全的人格，并不是要求我们把身上的所有缺点都割舍掉，而是要我们学会与真实的自己共处，接纳自己的一切，全然接受生命赋予的一切，收获一个舒展的自我。一个舒展的内在自我，意味着灵活、开阔的视角，对自己百分之一百的认知与掌控，不带任何扭曲或偏见地看待事物。

　　所以，任何一个年轻人，都不必对自己的现状过于纠结，不要好高骛远，踏踏实实地去做事、真真切切地去感受，有意识地培养自己各方面的优秀品质和好习惯，每天进步一点点，一步一步地提升和完善自己的人格。当你实现自我，达到生命的圆满时，你拥有的将是全世界。

人 生 最 曼 妙 的 风 景 ,

是 内 心 的 淡 定 与 从 容

　　人生就像一场不可逆的旅途，我们努力地往前奔
跑，想要快一点看到更多、更美的风景，有些人甚至
用尽全力，想要比别人早一点到达更远的地方。直到
精疲力竭时才发现，因为跑得太快，因为花费了太多
的心力与别人比较，自己其实已经错过了太多曼妙的
风景。

　　当我们放慢脚步，保持内心的淡定与从容，感受生
命的怡然自足，才知道原来走过的每一步，都是人生
曼妙的风景。

　　最近，在优兔（YouTube）上看到演员曾之乔
推出了自己的谈话节目，主题为"我是在演艺圈长大
的"，每期节目请一个演艺圈的嘉宾，每期都有不同的
话题，以心灵、深度访谈为主要内容。她的节目推出
以后好评不断，短短一周的时间，优兔订阅量就破了
10 万。

　　影片第一期的开始，曾之乔对着镜头，用平静自然
的语气说："我发现，比起唱歌演戏，我更喜欢的是说
话、分享！"她想把自己从 14 岁入行以来，成长的点
点滴滴、经历过的人情冷暖、所有的体悟和历练分享

给全世界。

有一期节目中，曾之乔请来了 5 年前一起合作过的柯佳嬿。节目开始，曾之乔透露自己已经上了 7 年的花艺课。刚刚开始学习花艺的时候，她的花艺老师告诉她，花艺课上久了，大家都会爱上叶子。因为喜欢花才学习花艺的曾之乔还在心里嗤之以鼻："谁理叶子啊！"因为她觉得，普天之下，大家都会更喜欢漂漂亮亮的花朵。

花艺课上到第三年，曾之乔开始发现自己的心境有所转变，竟然真的如花艺老师所说，她爱上了叶子。每次看到绿绿的叶子都会发自内心地觉得"叶子怎么这么可爱啊！"她不仅更爱叶子，而且觉得自己也好像绿色植物般的存在。节目中，柯佳嬿也表示，很中意曾之乔这期节目的主题，自己也越来越喜欢轻柔清新的绿色植物。她们都觉得，绿色植物虽然不似娇艳的花朵那样夺目，但它们不争不抢地存在着，自带一种淡定与从容的气场。

之所以以"我是在演艺圈长大的"为主题，是因为早在 2002 年，曾之乔就与刘品言一起组成 Sweety 演唱组合正式出道，那时候她还是个 14 岁的小女孩。自出道起，广大网友就没有停止过对她的恶评，要么说她长得丑，要么说她有后台等等。直到 10 年前，曾之乔还一直怀疑自己、否定自己，活在被网友言论攻击的阴影里。

但是，当她终于接受了自己的一切，慢慢学着做自己，才发现，原来安安静静地做一株不争不抢的绿色植物，也可以很有力量。她也终于懂得如何欣赏自己，不再纠结于与他人做比较。柯佳嬿也在节目中说："当我们真的接受自己的全部、发自内心喜欢自己的时候，我觉得人只要在一个很舒服跟平衡的状态，自然气场会变很强大。"

当你学会保持淡定与从容的心态，发自内心地爱自己、欣赏自己，整个世界都会变得不一样。你会发现，之前做不到的事情，其实也没那么难；之前从没注意过的角落，竟然也洋溢着精致的美；之前纠结过的问题，原来完全不是问题。

曾之乔的一位艺人朋友曾在她的微博下留言，他说记得乔乔说过一句很有智慧的话：最聪明的人类，常常是最不聪明的。有时，我们很用力地在找幸福、找快乐、找自己，但当我们真的静下心来，变得更安静、更包容、更谦虚、更感恩之后，才觉知到，其实我们本自具足。

6月6日，曾之乔的照片墙更新，她坦言，在"我是在演艺圈长大的"最后一期节目中，将要回答最多人问她的那个问题——关于怎么变美，关于怎么变得更漂亮。

这个主题，加上曾之乔的艺人身份，可能很多女孩都在等着被种草护肤品、化妆品、衣服搭配了。然而那期节目中，曾之乔什么好用好看的物品都没有推荐，她要告诉大家的只有：活出自己独一无二的美，这是由内而外、由外到内地认识自己、照顾自己、内省自己、突破自己，并且不断地把爱分享出去。变美和变漂亮不是一件事，而是一种心理状态，是每个人的智慧。

曾之乔幽默地提及自己的"回头是岸保养法"，劝慰大家不要再向外界索取、追求，想要保养好身材和皮肤，用什么保健品或护肤品、化妆品，都不及你日复一日地规律饮食、规律运动。当你学会聆听自己的内心、觉知自己的身体，才是真正地和自己成了好朋友。

其实，纵观她的这一系列节目，每一期都在告诉观看者：无论世界多么纷繁杂乱，请保持内心的淡定与从容、丰盈与满足，这样你才会越来越自信、越来越漂亮。淡定与从容的心态便是极好的保养品。世界上任何一处美丽的风景，都不及你发自内心的淡定一笑。

然而生活里，很多人应该已经很久没有发自内心地笑过了。我们总爱抱怨这个世界太坏了，现实太残酷，岁月太无情，却也总是忽略掉最重要的问题：带给我们所有伤害的源头真正来自哪里。

有人一语道破真谛："有时烦恼不是因为别人伤害了你，而是因为你太在意。"面对别人不好的言论和恶意的比较，我们的玻璃心常常会碎到掉渣。反观内心淡定、从容的人，他们往往不会轻易受伤，因为淡定和从容的心态会给人智慧，使人强大。我们只有拥有了足够的智慧与力量，才能与这个世界的一切不美好抗衡，进而创造出属于自己的小美好。

　　人生应当趁早明白，我们不可能因为吃了甜食而真的开心，不可能因为买了什么东西而变得更好，也不可能因为发了朋友圈就更加有存在感。真正能带给我们发自内心的愉悦感的、真正能让我们变得更好的、真正能让我们觉知自己存在的，只有内心的淡定与从容。

　　人生曼妙的风景，是内心的淡定与从容。如果你因为走得太快而错过了很多来不及欣赏的风景，不如放慢脚步，专注自己的内心，把所有与己无关的事放下，静下心来，体会淡定与从容的美好吧！

慢慢接受自己的一切，慢慢学着做自己，你会发现，原来安安静静地
做一株不争不抢的植物，也可以很有力量。

看 清 欲 望 的 本 质 ，

做 好 人 生 断 舍 离

　　在我们生活的周围，存在着太多的诱惑和欲念。面
对这些诱惑和欲念时，我们的内心往往难以做到平静
和专注。可是，即使获得了这些诱惑，实现了心中的
欲望，我们的内心也依然不能获得巨大的快乐和满足
感，反而会变得患得患失。

　　我们怎样才能获得真正的快乐和幸福呢？这需要我
们不断地向内探索自己、认识自己、了解自己，知道
自己喜欢什么，自己的兴趣在哪里，哪些东西能够给
自己带来价值感和持续的满足感。

　　做好人生断舍离可以帮我们看清欲望的本质，剔除
那些虚妄的欲望，由繁入简，只留下简单隽永的东西。
其实幸福有时候就在我们身边，实现它、满足它，真
的很简单。

　　关于欲望的本质，日本作家山下英子曾经在一次
采访中解释过。她指出，想要获得是人类本能的欲望，
人不能失去这种本能的欲望，一旦失去或是欲望不足
的话，人就会失去活着的动力。然而一旦欲望超出了
本身所能容纳、实现的地步，人就会因此而痛苦不堪。
获得的东西太多，也就失去了获得的喜悦，所有的过

程不过是无聊的堆砌，人也会感到无尽的空虚。

断舍离并非字面意思的"断舍离"，而是一种思维训练。它不是要人们硬生生地割舍掉自己的欲望，而是通过整理和反思，帮助人们审视自己的欲望是过了头还是不足。无论是生活还是工作，是对待物品还是人际关系，只留下有用的，将无用的果敢地舍掉。渐渐地你会发觉，断舍离是一件十分幸福的事情。

去年，妈妈终于熬到了退休，可以颐养天年了。但我没想到，她为了不与社会脱节，又报名参加了老年大学。他们这代人年轻的时候没有机会和条件学习艺术，如今妈妈想学的东西很多，她带着老花镜，拿着老年大学的选课表看了一遍又一遍，最后琴、棋、书画、茶艺、摄影、舞蹈、瑜伽一样也没少，打算让自己一下子学个够。

就这样，年过半百的妈妈开始了每天去老年大学上课的生活。有时候会两门课连着上，没有休息时间，而且每门课的老师都认真负责地布置了作业，回到家，妈妈还要继续完成作业。一学期下来，妈妈的生活倒是挺充实的，不过每天赶着上课休息不够，她的脸色越来越差了，原本红润润的脸庞变得憔悴晦暗。

有一天，妈妈的好朋友打来电话，说妈妈在跳舞课上晕了过去，是老师赶紧打了120送妈妈去的医院。妈妈苏醒后，有气无力地跟医生说，自己常常觉得胸闷、气短，有时候连说话的力气都没有。即使这样了，当时的妈妈还在念叨着没有完成的两门作业。

医生听了妈妈的话哭笑不得，微笑着对她连发三问："阿姨，您未免太贪心了吧。第一，老年大学不过是您茶余饭后的娱乐，何必较真？第二，您都已经到了这把年纪，还给自己报那么多的班，不管是体力还是精力，肯定都会感到有心无力吧？第三，老师留的作业有什么要紧，难道您还能考出个状元来？凑合凑合就得啦。"

妈妈被医生的话逗得哈哈大笑。她说："以前上班的时候，就怕人家说自己不上进，怕自己失去领导的赏识，每天马不停蹄地想着争上游。现在退休了，竟然还是重蹈覆辙。我回头就去删减课程，今天的作业也马马虎虎做算了。"

我理解妈妈的感受，她年轻时就很优秀，领导赏识，同事尊敬。如今退休了，也舍不得离场，舍不得不被别人关注，舍不得只是充当舞台上的点缀。无论在人生的哪一个阶段，我们都需要学会断舍离。而且我们首先要舍弃的，就是"舍不得"。割掉舍不得的心态，给自己的生活做减法，只留一两件最喜欢的，我们的人生会幸福很多。

断舍离不仅是使我们人生幸福快乐的钥匙，也是我们精进人生的最好方式。如果你对断舍离的生活方式仍有所怀疑，不妨先身体力行地尝试一下，学着给自己的生活做做减法。

就拿我身边的同事娜娜来说，她刚毕业参加工作的那段时间，碰到同事或朋友邀约聚餐，因为不想扫了别人的兴致，也怕别人说自己不合群，所以就算已经非常疲惫了，也还总是欣然赴约。对于娜娜来说，那样的闲暇时间恐怕还不如工作时间轻松，工作的时候，只需要面对领导和客户，而她当时的闲暇时间，却要对着一堆仅仅认识还不熟悉的人们谈笑风生。她自己也说，那段时间有的时候突然一晃神，竟然会有种不知道自己是谁、身在哪里的错觉。

　　每次社交压力或工作压力大的时候，娜娜就用购物来缓解情绪压力。因为购买的东西很多都不是真的需要的，娜娜的工位和家里常常会堆着一堆还未拆封的快递。那些快递越堆越多，多到娜娜都不知道自己应该先打开哪一个，也不清楚自己真正需要什么。

　　被无效社交或者空洞的物质欲望缠绕着的娜娜，越来越不清楚自己真正的内心需求，于是我给娜娜介绍了极简主义的生活理念，推荐她开始尝试人生断舍离。

　　娜娜下定决心，先从拒绝不想参加的社交邀约开始，一步步地将生活中冗余的事物清理出去。她开始一件一件打开堆积的快递盒子，留下那些自己确实需要的，不需要的物品就挂在二手交易平台上，卖给想要的人。大概用了一周的时间，娜娜整理完了自己堆积的物品。那些被她拒绝的社交邀约，经过娜娜多番拒绝以后，也终于不再打扰她了。

　　娜娜有了更多的闲暇时间来好好爱自己，做自己喜欢的事情。面对情绪压力，她也能学着自己慢慢消化掉，她感觉自己内在的能量强大了很多，不再需要别的东西来填补了。娜娜仍然喜欢购物，毕竟这是女人的天性，但她再也不会购买自己不需要或者不实用的物品了，只买自己真正喜欢的、需要的。

现在的娜娜每个月都要进行一次断舍离，定期地审视自己的行为，做好自我管理，整理自己的房间。显然，她已经理解了人生断舍离的精髓。断舍离的主角并不是物品，而是自己，并且它应该处于现在进行时。

学会给自己的人生做减法，认真思考自己想要结交怎样的朋友、从事怎样的工作、过上怎样的生活，人生断舍离就是不断选择与优化这些疑问的过程。也许你已经开始断舍离，只是短时间内自己的生活并没有什么起色，你便稍微有些怀疑了。

不要怀疑，不要着急，将断舍离的生活方式坚持下来，你会发现，身边的朋友全是被筛选出来的与自己志同道合的，从事的工作也是自己喜欢的，生活状态也会渐渐变成自己希望的样子，如此，人生的节奏便会逐渐被自己掌控。这不正是我们所谓的精进人生吗？

生活中真正的高级，不是你看什么书、听什么音乐、用什么牌子的香水，而是看清欲望的本质，通过人生断舍离，自己把控人生的节奏，体验真正自由的人生。而所谓真正自由的人生，就是身体（健康）自由、经济自由、心灵自由。人生断舍离不是一场枯燥艰苦的修行，而是每日坚持不懈的愉悦经营。

让我们以让自己身心感到轻松、愉悦为前提，放下过多的欲望，放下别人的期待，放下心中的执念，开启人生断舍离吧！

教 养 往 往

体 现 在 细 节 上

　　陈道明先生曾说："教养和文化是两码事，有的人虽然很有文化，但是很没教养；有的人虽然没有什么学历和学识，但仍然很有教养、很有分寸。"

　　有文化的样子尚且可以装出来，至少短时间内是很难被识破的。但教养是装不出来的，因为教养往往体现在细节上，一个人有没有教养，别人分分钟就能看出来。

　　陈丹青先生曾经讲过一个关于教养的故事。

　　他到罗马旅游，找到两条专卖古董的大街，于是一家一家进去看。陈丹青先生走进一家店后，被小雕塑、小文物吸引住了，便埋头观看。看了一会儿，他对里面的商品很感兴趣，于是向店里的一位老先生问价格。结果连问了几件之后，老先生都说不卖。

　　陈丹青先生很疑惑，开门做生意，既然都摆出来了，为什么不卖呢？他没忍住心中的疑问，向那位老先生问起不卖的原因。没想到老先生说，他之所以不卖，是因为陈丹青先生走进他的店里，连招呼都没打，就直接在那里看，问卖不卖。

陈丹青先生恍然大悟，他没想到自己小时候那种没教养、粗鄙的人格竟然会在不经意间暴露出来，自己还毫无觉察。

看完这个故事，我不禁感叹，教养真的是藏在小细节里的。把待人真诚和懂得尊重深深刻在骨子里的人，就像炎炎夏日的一阵清风，像寒冷冬日的一束暖阳，会让人觉得舒适且安心。

例如下雨天，你叫了一辆车，司机服务态度很好，你可能没觉得有什么特别的，因为态度好是他们的工作要求。但是一路上，你发现每当经过行人时，司机都会踩刹车减速，尽量不溅起一滴脏水，直到开出很远，到没有人的地方，司机才重新提速，这便是刻在骨子里的教养了。

再比如开会的时候，某领导总是认真倾听大家的表述，很少打断别人的发言，而当需要他陈述或评价的时候，他又总能提出有建设性的建议，对同事们有所启迪，并且懂得适可而止，不会夸夸其谈。

又或者在图书馆看书的时候，一个人突然来了电话，为了不打扰别人看书，他拿起电话轻轻地迈着大步走出图书馆，轻轻地关上门，到外面去接。

教养就藏在这些看起来很不起眼的细节里，静静地，不张扬，却能化解很多尴尬的场景，避免人与人之间的冲突，让人感到舒服自然。

我有一次坐高铁出差，本来想借旅途的时间，安安静静地休息一会儿。谁知刚刚闭上眼睛，舒服地倚在座椅靠背上，耳边就响起了熊孩子的哭闹声。

原来就在我的斜前方，有个刚睡醒的 4 岁小男孩。之前的安静是因为他在睡觉，现在他睡醒了，开始哭闹起来。同车厢有个熊孩子，这种经历想必大家都体验过，那种滋味，简单来说就是分分钟想替家长教育他的感觉。

那位小男孩的妈妈为了让爬上爬下、大声喊叫的他安静下来，已经使尽了浑身解数，大家看妈妈一个人带娃，颇有难处，好在小男孩也不算给大家造成了多大麻烦，便都忍着没有发声。

直到小男孩不小心打翻了对面女生的饮料，橘黄色的液体洒在了女生白色的裙子上。看到这一幕的其他乘客都在等着女生发作，教训小男孩一顿。那个小男孩似乎也知道自己犯错了，害怕得瞬间安静下来。单独带娃出行的妈妈看到这情形也慌了，赶紧给女生递纸巾，连连给那个女生赔不是，并厉声要求闯祸的小男孩道歉。

　　不过小男孩似乎有些难为情，闭着嘴巴迟迟不肯说声"对不起"。他的妈妈也很尴尬，差点就要恼羞成怒了。

　　此时，只见那个女生机智地把外套系在了腰间，恰好遮住了裙子上的污渍。她冲小男孩和那位妈妈微微一笑，问那位妈妈小朋友可不可以吃糖。妈妈点了点头，女生便从包里取出一支棒棒糖，用温柔的声音跟那个小男孩说："小朋友，你想吃这支棒棒糖吗？想吃的话，要先跟姐姐说对不起！"

　　小男孩看着棒棒糖，嘴不由自主地吧唧了好几下，轻轻地说了声"对不起"，那个女生微笑着回应："没关系，你真乖。"得到棒棒糖的小男孩兴高采烈地回到自

己的座位专心吃糖，小男孩的妈妈长舒一口气，感激
地看着那个女生，连连说"谢谢"。那女生仍旧微笑着
说："不客气。我有个弟弟跟你家小朋友年龄相仿，用
棒棒糖哄娃最灵了。"

不知道当时同车厢的乘客是什么感觉，我个人的感
觉是，那个女生好有教养，简直就像仙女下凡。好好
的饮料还没喝几口就被打翻了，美美的裙子就这么被
糟蹋了，没发火就已是有气度了，她还能记得要先问
过妈妈能不能吃糖，才用棒棒糖哄小男孩说出"对不
起"。我想，那个女生也不是真的非要小男孩说句"对
不起"，她那么做也不过是不想小男孩的妈妈下不来台
罢了。生死见交情，细节见教养，大抵如此。

女生用她的好教养化解了小男孩妈妈的尴尬，又用
言语行动教会小男孩，做错了事就是要说对不起。试
想一下，如果当时那个女生发了飙，小男孩的妈妈肯
定会更下不来台，然后不得不继续逼着小男孩道歉。
倘若小男孩坚决不道歉，那位妈妈恐怕就要动手打他
了。小男孩便会哭闹起来，到时整个车厢的乘客都会
被吵到。

所谓的有教养，其实就是能站在对方的角度去思考问题，心里懂得每个人的不容易，不会站在道德制高点上指指点点，帮助别人不是为了标榜自己。对待陌生人也不是生硬虚假的客套，而是设身处地地将心比心，是推己及人的周到和体谅。

很多人常常是在外面表现得很有教养，一回到家就判若两人。对待陌生人尚且彬彬有礼，对待自己的父母、伴侣、儿女就动辄大呼小叫、大发脾气，把最温柔的一面展现给了外人，而把坏脾气留给了家人。

这些行为都不是真正的有教养。真正的有教养不分内外，不只体现在对陌生人的真诚、有礼貌上，也体现在你和家人相处的细节里。

既然你能在公共场所不吸烟，那在家里老人和小孩面前也应该做到不吸烟；既然你能在外面做到不大声喧哗，在家里就也应该注意不要吵到最爱的家人；既然你能在公交上给老年人让座，在家就应该同样记得给予父母足够的体贴与陪伴；既然你懂得不乱翻别人的东西，尊重别人的隐私，回到家就同样不应该随意进入儿女的房间、不乱翻他们的东西；既然你能对别的小朋友有耐心，回到家对待自己的儿女就更应该多些细心、多些用心、多些耐心……

生命因教养而高贵，灵魂因教养而深邃。深入骨子里的教养，藏不住、装不了，全在细节处展露。千万别小看细节的力量，我们完全可以从细节中看出一个人有没有教养。能顾好细节的人，不仅做事认真靠谱，与别人相处时也更能顾及对方的感受。

最后，希望你能真诚对待每个人，不管是素未谋面的陌生人，还是对你无限包容的家人。希望你能对弱者不轻视，对强者不谄媚，尊重别人的同时，也懂得尊重自己。

强 大 的 人 ，

会 给 自 己 赋 能

人生不可能一帆风顺，在遭遇狂风暴雨般的苦难时，很多人容易陷入受害者心态。遇到不如意的事情，不去积极主动地寻找解决问题的方法，而是抱怨除了自己以外的所有因素，仿佛全世界都对不起自己，而自己是最受伤、最吃亏的那一个。

所谓的受害者心态，说白了就是给自己的消极被动态度找借口。殊不知，这种焦虑和纠结才是最耗能的，长此以往，问题非但不能得到解决，自己反而一再对现状妥协，不断降低人生的底线，人生的质量也跟着不断下降。

相反，强大的人从来不会让自己陷入受害者心态的怪圈，他们坚信"所有杀不死我的必使我变强大"，他们懂得利用一切能利用的资源为自己赋能，让自己变得更强大。

虽说没有人生来就强大，但我们不能把这当成自己止步不前的借口。世界一直在变化，周围的人都在往前走，都在将可以利用的一切加诸于身，不够强大的人在慢慢强大起来，强大的人则变得更强。别把自己的时间和精力都浪费在焦虑或自怜这种自我消耗的情绪上，让自己多多加持力量，多多修炼技能，才不负这多姿多彩的人生。

刚刚步入社会的年轻人被现实挫败是很正常的事情。使你的情绪决堤的最后一根稻草，可能是上司的责备，可能是马上要交的房租，也可能是父母的催婚等。

卡卡是小我四届的师妹，我们是在导师生日宴上认识的。刚刚成为上班一族的她，在工作的第一个月就被打击到了。在一个项目上，由于跟老板的理念不同，老板完全忽略了她的意见，并在她表述自己想法的时候，急匆匆结束了会议。她急吼吼地去找老板，想再次把自己的想法说给老板听，结果被老板冷嘲热讽了一番，她很不痛快，当面怼了老板几句，两人吵了一架，最后闹得不欢而散。

面对马上就要交付的房租，卡卡非常沮丧。给我打电话时，她正坐在一片狼藉的地板上疯狂地摄入高热量零食，外卖的炸鸡也摆在一边。这是卡卡排解忧愁或压力的习惯之一，她的另一个习惯是购物。彼时，她已经在那个橙色 App 里冲浪了一个多小时，需要的、不需要的买了一大堆。

卡卡说，这是她的赋能方式。相信很多女孩也有类似的赋能方式，压力大了，心情不好了，就用吃吃吃或买买买来排解压力、舒缓心情。这样的赋能方式本身没什么毛病，但是不要忘了，任性一时爽，事后你总要付出代价的，比如信用卡超支，比如长胖。最重要的是，吃吃吃和买买买并不能真的为你赋能，你只是从中得到了短暂的快乐。快乐过后，你仍然要面对血淋淋的现实，仍然要燃起力量重新起航，还要面对信用卡账单和日渐臃肿的身体。

卡卡到底是个通透的姑娘。任性了几次之后，她终于认清了事实，重整旗鼓，找了份新工作，搬了家，仿佛一切都没发生过，一切重新开始。虽然一心情不好就喜欢吃、喜欢买的习惯仍然没改掉，但至少卡卡不再只是用吃和买来排解坏情绪了。根据自己的情况，卡卡还总结出了几条实用的给自己赋能的方式。

1. 学会表达自己，敢于说出自己想要的。

这样做既可以在心里强化自己想要做的事情，促使自己向着目标努力，又可以告诉别人，你是真的很想要，这样也会吸引到别人的帮助。

《乘风破浪的姐姐》中，又酷又飒的姐姐李斯丹妮最想做的事情，就是开一场自己的个人演唱会，但她却因为害怕门票卖不出去而不敢说出口。张雨绮一句话指出了她的问题："你不说就表示你没有很想要。"主动地表达自己内心的想法，你可以更清晰明了地知道自己想要什么，并告诉这个世界你在想什么。永远不要等着别人来发掘你闪闪发光的那部分，不要等着别人来帮你。因为所有人都很忙，只是等待的话，你可能要等很久。

2. 坚持每天读书 1 个小时，用阅读为自己赋能。

我们生活在网络世界里，每天都有大量的信息涌入我们的生活，网上有无穷的链接在吸引着你，搞笑视频惹得你哈哈大笑，新出的聊天梗让你一搜再搜……慢慢地，时间和精力都浪费在了这些无用又无意义的事情上，非但不能为你赋能，反而相当耗能，比如视力下降、专注力变低等。

　　每天拿出 1 个小时，暂时关掉社交网络，关掉游戏视频，放下手机，捧一本自己感兴趣的书籍，静下心来阅读思考。1 个小时就好。跟得上潮流时事很重要，但是善待自己的心灵、喂养自己的大脑更重要。用阅读为自己赋能，增强自己的知识技能，丰满自己的思想维度，你会离想要的生活越来越近。

3. 定期整理自己的房间。

　　卡卡认为，整理房间是一个很疗愈的过程，并且一直向朋友们推崇这种方式。有的朋友欣然接受，有的朋友则腹诽，爱因斯坦的办公桌可是一向凌乱不堪的！虽然个人成就与房间是否整洁并无直接关系，但是你绝不能仅凭着同样杂乱的房间，就自以为是超凡脱俗的天才了。

　　《怦然心动的人生整理魔法》的作者近藤麻理惠认为，整理可以改变你的生活。所谓整理，就是舍弃掉无用的，留下有用的，并且把该归位的东西都归位。

整理完了，家里清爽了，整个人也跟着清爽了，做起事情来也变得干净利落，不拖泥带水。

另外，整理也是一个与家里的物件对话、和自己对话的过程。通过这个过程，你会更了解近期的自己有哪些心理的变化，心情是好还是坏。

除了整理房间，也别忘了定期整理自己的工位。一个清洁、有条理的工位，不仅会使你工作起来更加高效，也会给上司和老板留下做事有条理的好印象。

4. 去运动或者旅行，身体和心灵都要动起来。

卡卡给自己制订的运动计划是每周运动 3~5 次，每个月外出旅行一次。没有什么是比让身体动起来更简单、更有效的赋能方式了，不然也不会有那么多企业采取运动或旅行的团建方式了。

规律的运动不仅可以修饰身材线条，还可以使你的身体时刻保持在最佳状态，这是你面对生活中所有挑战的基础条件。请把健身当成生活的一部分，三天打鱼两天晒网的健身模式，无异于浪费时间、精力。

可能你会觉得卡卡的旅行规划频率太高，根本实现不了。不知你是怎样定义旅行的，对于卡卡来说，哪怕只是到市郊度过一两天，只要能让身心放松，能给自己疲惫的身心充充电，都算作旅行。

"赋能"最早是心理学中的词汇，后来也常用在管理学中，指通过言行、态度、环境的改变给予他人正能量。不要因为马云、马化腾、雷军等互联网领军人物老是提到"赋能"，你就以为它是个多么高不可攀的词汇，更不要以为只有强大的人才拥有给自己赋能的能力。每个人都可以找到属于自己的赋能方式，只要能击败心中那层脆弱的壁垒，你就能变得强大起来。学习如何为自己赋能，也是每天在高压力下奋斗的我们必须具备的一项技能。

一个人，不管是单身、恋爱还是已婚，只要找到能为自己赋能的方式，都能活得像一支队伍。唯有如此，当你想要的生活近在眼前之时，你才敢要，才能接得住、配得上。

做 好 该 做 的 事 ，

放 手 追 求 喜 欢 的 事

该做的事和喜欢做的事，你会先做哪个？

有人坚持，我们应该先做好该做的事，再去放手追求喜欢做的事。因为只有先做好了该做的事，人们才有更多的时间和精力来做自己喜欢的事。

也有人认为，我们应该先去放手追求喜欢做的事。因为放手追求喜欢做的事是忠于理想，是听从内心的召唤，在做自己喜欢的事的过程中，人们会得到很多意外惊喜。

还有人认为，该做的事情和喜欢做的事情，人们应该两手同时抓起来。

几个答案中，我比较认同第一个。忽略自己应该做的事情，不管条件是否具备，就去追求自己喜欢的事情，多多少少有些冒险的成分。这样做的结果很有可能是一事无成、事与愿违，往后余生都在后悔自己怎么没把之前应该做的事情认真做好。

中国台湾企业家郭台铭说过这样一句话：一个人在20岁到50岁的时候，必须为赚钱而工作，这样50岁以后，他才有资格为兴趣而工作。如果颠倒过来，一个人在 20 岁到 50 岁的时候，只想为兴趣而工作，那么 50 岁以后，他就必须为赚钱而工作。

2020 年初，公司总经理新招了一名助理，性格、人品无可挑剔，缺点也不是没有，主要是做事效率低，老是爱丢三落四。

我们都很惊讶，一向追求高质量、高效率的老板，竟然给自己选了这样的总助。有一次吃午饭时，A 同事吐槽，说交给总助的报表，她忘了拿给老板签字，害老板以为 A 同事做报表太慢，差点害他丢掉工作。很有八卦天赋的 B 同事非常小声地告诉大家，新来的总助和老板是大学同班同学。

大学的时候，在同学们眼里，当年的老板是个整天泡图书馆、只知道学习的书呆子，而总助则是学院的风云人物。

那时候总助大姐当年带着几个同学搞乐队，每天也很忙。哪怕逃课，也要忙着谈恋爱，忙着乐队排练，忙着四处玩耍，大学娱乐生活的方方面面，她全都体验了一把，唯独忽略掉了学业，总是在考试前一周才进入学习模式，学习成绩一直勉强维持在不挂科的水平。

总助大姐还特别爱四处旅行，喜欢时不时来一场"说走就走的旅行"。大四上学期，包括老板在内的全体毕业生都在投简历、找工作，唯独总助大姐不慌不忙，不顾老师和父母的劝阻，只身一人去了西藏。在从西藏回来的路上，遇到了一个西南山区助学项目的负责人，连家都没回，阴差阳错地就做起了山区小学的支教老师，一做就是两年。

山区的生活多少有些无聊，两年过后，总助大姐逐渐厌倦了山区小学贫乏、单调的生活，再加上父母一直催她回家，她便回到了家乡。回到家乡后的总助大姐终于被磨平了棱角，开始循规蹈矩起来，在父母的鞭策下，开始冲击备考公务员。她确实付出了努力，无奈报考公务员的人太多，她连续考了两年，都没有进入面试。这一晃又是两年，距离他们毕业已经快四年了，大多数同学都已经小有成就，而总助大姐却还和刚进入社会的实习生没什么两样。

连考了两年公务员未果，总助大姐终于认清自己不是做公务员的那块料，而且她也不好意思继续在家啃老了，于是便出来找工作。结果面试了好几家公司，人家都以缺乏工作经验为由拒绝了她的求职申请，刚好面试到现在这家公司，身为大学同班同学的经理看到是她，便让她留了下来。

如今，总助大姐虽然常常因为工作效率低、工作不细致被老板骂得狗血淋头，但是她也在缓慢进步中。在我们面前，总助大姐也不吝啬她自己的经验教训："年轻时做了自己喜欢做的事，现在就得为以前的选择负责。"

听了总助大姐的经历，我总算明白，做好眼前该做的事，未来一定不会辜负你。但是如果你什么都不顾，一心只想做自己喜欢的事，在做的过程中确实实现了自我满足，内心也是快乐无比的，但是你知道吗，那种行为等同于预支明天！在我们稍纵即逝的一生中，又有多少个明天可以预支呢？

前几天，我看到万科创始人王石也回答过这个问题。他的答案是：先做想做的事。

王石说，自己在 1999 年辞去了总经理职务，开始和公司保持距离，听从内心的召唤，来进行没有功利性的户外探险活动。事实证明，他的户外探险活动还是很成功的。如今，他保有两项全国的运动纪录，一项是登珠峰中国年纪最大的人，一项是飞滑翔伞攀高 6100 米的纪录。

看到这里也许你会说，看来先做想要做的事也不一定就会失败，万一成功了呢？

别看王石先生的回答是先做想要做的事，但是请你看看，他做想要做的事情的前提是什么——他已经做到了万科的总经理，这已经是很成功的了。

还有一类人会选择第三个答案。他们比较贪心，想要在做好该做的事的同时，又追求自己喜欢的事情。但现实是，一个人就算有再充沛的精力、再强大的能力，如果不懂集中精力先做好应该做的事，再去做想要做的事，那么他最终的结局也肯定是失败的。

一个人成熟的标志是能在正确的时间做该做的事情。当应该做的事和想要做的事发生冲突时，分清事情的轻重缓急，控制自己的欲望，去做好当下该做好的事情。待到机会成熟，再去做想要做的事情。想要做的事情永远不会过时，我们处于什么年纪就该做什么事情，一旦错过，很可能就是一生的遗憾。

其实，我们大可不必把该做的事和喜欢做的事对立起来。放手去追求自己喜欢做的事情，确实能给我们带来快乐和能量，但是做该做的事情也未必就是痛苦的。先入为主地用主观臆测去评价一件还未开始的事情，是极其不明智的。

先做好该做的事情，也许你会发现，该做的事情正是自己喜欢的事情，就跟"父母给你介绍的相亲对象恰巧是你喜欢的类型"是一个道理。当然，这无疑是理想的人生状态。

先做好该做的事情，哪怕你发现这件事并不是你所喜欢的。通过自身努力去做好，争取一个好的结果，于自己而言，不仅完成了该完成的人生任务，也会获得满满的成就感，从而由内而外地升起一股自信。做好了该做的事情的同时，你已经精进成了一个更好的自己，这时候再去追求自己喜欢的事情，你会做得更好、更愉悦、更轻松。

在我们的一生中，如果只做自己喜欢的事情，未免会失去很多色彩。生命的意义是付出，不是索取；是面对，不是逃避。先做好该做的事，再去追求喜欢做的事，人生才能活得多姿多彩，走得淡定从容。

所有的成功都是努力付出的必然结果，愿我们都能在对的年纪做好该做的事，然后放手追求自己喜欢的事，从此走向完满的人生。

没 有 太 晚 的 开 始 ，
越 努 力 ， 越 幸 运

　　人们常说，夜里想想千条路，早上起来走老路。很多人的梦想都死于想得太多、做得太少。人生从来没有太晚的开始，只是很多人从没开始过。

　　76 岁开始画画也能成名的摩西奶奶说："做你喜欢做的事，上天会高兴地帮你打开成功之门，哪怕你是我这个年纪。"其实世间本无难事，只要你想做，一切都来得及。只要你选择了开始，并一路坚持下去，你就会发现，越努力的人越幸运。

　　你知道吗？在东京各大夜店，被称为"东京第一DJ"的人，不是酷帅潮拽的年轻小伙，而是一位 84 岁的老奶奶。这位老奶奶叫岩室纯子，她白天在一家历史悠久的饺子馆当大厨，晚上则穿着吊带裙、戴着墨镜、涂着红唇，在充满年轻人的夜店里打碟、摇摆。在她的节奏下，全场狂嗨不止。

　　60 岁之前，纯子奶奶一直过着平平无奇的生活，直到 60 岁那年，丈夫去世，纯子奶奶没有沉浸在悲伤中，也没有让自己自哀自怜地度过余生，她把自己的生活安排得满满当当，60 岁之前没有尝试过的事情，她都一件一件地做了一遍。她考了驾照，学了油画、大提琴、法语，还只身出国旅游了一番。

70 岁时，纯子奶奶结识了一位来家寄宿的法国小伙。法国小伙是个 DJ 迷，在小伙的盛情邀请下，从来没踏入过夜店的纯子奶奶第一次走进了夜店，她一下子就被 DJ 的音乐节奏吸引住了，仿佛心中某处火光再次被点亮，回到家后，纯子奶奶的内心仍久久不能平静。

纯子奶奶想学 DJ 打碟，但她害怕自己这个年龄还去折腾年轻人的东西，会被别人嘲笑。经过几番思想斗争后，纯子奶奶还是鼓起劲儿来，她对自己说："只要你想，什么时候都为时不晚。是时候去做点不一样的了。"

说到做到，纯子奶奶当下就去找了一所音乐学校，报了一个 DJ 班，和一群小年轻一起学起了打碟，玩得不亦乐乎。只是毕竟年龄大了，难免跟不上年轻人的学习节奏，于是纯子奶奶每天回到家也戴上耳机刻苦练习，甚至白天在饺子店包饺子、擦桌子的时候，都在脑子里回想着 DJ 的节奏，培养自己的节奏感。

大概过了一年的时间，纯子奶奶已经能够熟练地打碟了，还培养出了自己的风格，技艺也日渐纯熟。很多人知道了纯子奶奶的技术，纷纷邀请她去站场打碟。纯子奶奶也没想到自己可以成为引领全场节奏的 DJ 女王。她说："我很感谢 70 岁时做出了这个决定，如今，我终于过上了从前向往的人生。"

70 岁的奶奶在面对自己感兴趣的事物时，还会不遗余力地去追求，何况一切正当时的我们呢？就算前半生平平无奇地度过了，后半生也仍旧有实现梦想的可能。人生还长，也许迈出第一步是最难的，但只要把最难的这件事先做了，剩下的就没那么难了。

表妹从小就是个乖乖女，父母早就为她规划好了人生路线，她大学一毕业就恋爱结婚，相夫教子，好好工作，孝顺父母，定期出游。虽然没有过着大富大贵的生活，虽然磕磕绊绊，但胜在恬然安定、和谐幸福。表妹自己也以为自己的人生就会这么一路顺遂下去，毕竟这也是大部分小镇女孩的生活。

但是 2019 年，在她 29 岁的时候，她离婚了，带着还不到 1 岁的宝宝。因为丈夫是个妈宝男，而且酒后家暴，差点害得表妹流产。表妹年过半百的父母不想她忍气吞声，却也始终下不了决心劝她离婚。正在父母犹豫的时候，没想到，一向很乖的表妹自己向法院提交了离婚诉讼。

尽管她知道，单亲妈妈会很辛苦，但是她不怕。她不知道该怎么去教育孩子活得独立且丰满，她决定亲自做给他看。

关于离婚，表妹认为那是对自己的人生及时止损。自从她下定了决心要离婚，就做好了重新开始的打算，过不一样的人生。从此她不再畏惧别人的眼光，不再活在父母的期待里，诚实面对自己，追求自己想要的人生。

重要的契机往往就在我们想清楚的那一瞬间，只要想清楚了，只要敢于开始，什么时候都不晚。在离婚这件事上想明白以后，表妹整个人豁然开朗。她开始努力工作、努力赚钱，还重新拾起了自己喜爱的写作事业。她每天坚持陪孩子看书、运动、玩耍，等到孩子睡了，就是表妹的追求梦想时间。

一年多的时间里，表妹考下了驾照，贷款买了新房子，还存钱买了辆代步车，读了 50 多本书，整个人看起来更加成熟笃定了。父母也因为有了孩子的陪伴，脸上的笑容多了起来。周末，表妹会开车带着父母和孩子出游晒太阳。虽然表妹即将迎来自己的 30 岁，但当下却是她笑得最开心的时候，她说，自己的幸福人生才刚刚开始。

虽然表妹没有提起过，但我相信，这一年中她一定也经历过人生的灰暗时刻。但她没有沉沦，而是选择绝地求生，触底反弹。她如今得到的一切，都是因为她真真切切地明白了，人生没有太晚的开始，没有什么能阻挡自己对幸福生活的追求。

所以，如果你正经历人生的低谷或灰暗时期，不要着急，不要放弃，接受生命赐予你的一切，然后乘风破浪。摩西奶奶说，最好的生活，就是充分利用生活所提供的一切。请相信，最好的总会在最不经意的时刻出现。

如果你真的想去做一件事情，全世界都会为你让路。千万别把"害怕来不及"当成不作为的借口。真正的燃，不是要去做什么惊天动地的大事，而是把生命的每个时期都当成最好的时光。无论什么时候，无论处在什么样的生活状态里，请记住，生活是我们自己创造的，一直是，并且永远都是。

如果你真的想清楚了要去做什么，那就努力去做吧！任何时候开始都不晚，命运会把好运气优先分配给更努力的人。人生没有太晚的开始，你终将过上自己想要的生活，长成自己理想的模样，拥抱属于自己的美好未来。